— 똑똑한 하루 —

빅터 연산

Chunjae Makes Chunjae

기획총괄	박금옥
편집개발	지유경, 정소현, 조선영, 최윤석
디자인총괄	김희정
표지디자인	윤순미, 김주은
내지디자인	박희춘, 이혜미
제작	황성진, 조규영

발행일	2019년 11월 15일 초판 2024년 8월 15일 6쇄
발행인	(주)천재교육
주소	서울시 금천구 가산로9길 54
신고번호	제2001-000018호
고객센터	1577-0902
본문 사진 제공	셔터스톡

※ 정답 분실 시에는 천재교육 교재 홈페이지에서 내려받으세요.

※ KC 마크는 이 제품이 공통안전기준에 적합하였음을 의미합니다.

※ 주의

책 모서리에 다칠 수 있으니 주의하시기 바랍니다.

부주의로 인한 사고의 경우 책임지지 않습니다.

8세 미만의 어린이는 부모님의 관리가 필요합니다.

똑똑한 하루

빅터 연산

5B

초등 5 수준

지루하고 힘든 연산은 OUT!

쉽고 재미있는 빅터 연산으로 연산홀릭

빅터 연산 단계별 학습 내용

예비초

A권
1 5까지의 수
2 5까지의 수의 덧셈
3 5까지의 수의 뺄셈
4 10까지의 수
5 10까지의 수의 덧셈
6 10까지의 수의 뺄셈

B권
1 20까지의 수
2 20까지의 수의 덧셈
3 20까지의 수의 뺄셈
4 30까지의 수
5 30까지의 수의 덧셈
6 30까지의 수의 뺄셈

C권
1 40까지의 수
2 40까지의 수의 덧셈
3 40까지의 수의 뺄셈
4 50까지의 수
5 50까지의 수의 덧셈
6 50까지의 수의 뺄셈

D권
1 받아올림이 없는 두 자리 수의 덧셈
2 받아내림이 없는 두 자리 수의 뺄셈
3 10을 이용하는 덧셈
4 받아올림이 있는 덧셈
5 10을 이용하는 뺄셈
6 받아내림이 있는 뺄셈

1 단계 | 초등 1 수준

A권
1 9까지의 수
2 가르기, 모으기
3 9까지의 수의 덧셈
4 9까지의 수의 뺄셈
5 덧셈과 뺄셈의 관계
6 세 수의 덧셈, 뺄셈

B권
1 십 몇 알아보기
2 50까지의 수
3 받아올림이 없는 50까지의 수의 덧셈 (1)
4 받아올림이 없는 50까지의 수의 덧셈 (2)
5 받아내림이 없는 50까지의 수의 뺄셈
6 50까지의 수의 혼합 계산

C권
1 100까지의 수
2 받아올림이 없는 100까지의 수의 덧셈 (1)
3 받아올림이 없는 100까지의 수의 덧셈 (2)
4 받아내림이 없는 100까지의 수의 뺄셈 (1)
5 받아내림이 없는 100까지의 수의 뺄셈 (2)

D권
1 덧셈과 뺄셈의 관계
– 두 자리 수의 덧셈과 뺄셈
2 두 자리 수의 혼합 계산
3 10이 되는 더하기와 빼기
4 받아올림이 있는 덧셈
5 받아내림이 있는 뺄셈
6 세 수의 덧셈과 뺄셈

2 단계 | 초등 2 수준

A권
1 세 자리 수 (1)
2 세 자리 수 (2)
3 받아올림이 한 번 있는 덧셈 (1)
4 받아올림이 한 번 있는 덧셈 (2)
5 받아올림이 두 번 있는 덧셈

B권
1 받아내림이 한 번 있는 뺄셈
2 받아내림이 두 번 있는 뺄셈
3 덧셈과 뺄셈의 관계
4 세 수의 계산
5 곱셈 – 묶어 세기, 몇 배

C권
1 네 자리 수
2 세 자리 수와 두 자리 수의 덧셈
3 세 자리 수와 두 자리 수의 뺄셈
4 시각과 시간
5 시간의 덧셈과 뺄셈
– 분까지의 덧셈과 뺄셈
6 세 수의 계산
– 세 자리 수와 두 자리 수의 계산

D권
1 곱셈구구 (1)
2 곱셈구구 (2)
3 곱셈 – 곱셈구구를 이용한 곱셈
4 길이의 합 – m와 cm의 단위의 합
5 길이의 차 – m와 cm의 단위의 차

3 단계 | 초등 3 수준

A권
1 덧셈 – (세 자리 수) + (세 자리 수)
2 뺄셈 – (세 자리 수) – (세 자리 수)
3 나눗셈 – 곱셈구구로 나눗셈의 몫 구하기
4 곱셈 – (두 자리 수) × (한 자리 수)
5 시간의 합과 차 – 초 단위까지
6 길이의 합과 차 – mm 단위까지
7 분수
8 소수

B권
1 (세 자리 수) × (한 자리 수) (1)
2 (세 자리 수) × (한 자리 수) (2)
3 (두 자리 수) × (두 자리 수)
4 나눗셈 (1) – (몇십) ÷ (몇), (몇백 몇십) ÷ (몇)
5 나눗셈 (2)
– (몇십 몇) ÷ (몇), (세 자리 수) ÷ (한 자리 수)
6 분수의 합과 차
7 들이의 합과 차 – (L, mL)
8 무게의 합과 차 – (g, kg, t)

4단계 | 초등 4 수준

A권
1 큰 수
2 큰 수의 계산
3 각도
4 곱셈 (1)
5 곱셈 (2)
6 나눗셈 (1)
7 나눗셈 (2)
8 규칙 찾기

B권
1 분수의 덧셈
2 분수의 뺄셈
3 소수
4 자릿수가 같은 소수의 덧셈
5 자릿수가 다른 소수의 덧셈
6 자릿수가 같은 소수의 뺄셈
7 자릿수가 다른 소수의 뺄셈
8 세 소수의 덧셈과 뺄셈

5단계 | 초등 5 수준

A권
1 자연수의 혼합 계산
2 약수와 배수
3 약분과 통분
4 분수와 소수
5 분수의 덧셈
6 분수의 뺄셈
7 분수의 덧셈과 뺄셈
8 다각형의 둘레와 넓이

B권
1 수의 범위
2 올림, 버림, 반올림
3 분수의 곱셈
4 소수와 자연수의 곱셈
5 자연수와 소수의 곱셈
6 자릿수가 같은 소수의 곱셈
7 자릿수가 다른 소수의 곱셈
8 평균

6단계 | 초등 6 수준

A권
1 분수의 나눗셈 (1)
2 분수의 나눗셈 (2)
3 분수의 곱셈과 나눗셈
4 소수의 나눗셈 (1)
5 소수의 나눗셈 (2)
6 소수의 나눗셈 (3)
7 비와 비율
8 직육면체의 부피와 겉넓이

B권
1 분수의 나눗셈 (1)
2 분수의 나눗셈 (2)
3 분수 나눗셈의 혼합 계산
4 소수의 나눗셈 (1)
5 소수의 나눗셈 (2)
6 소수의 나눗셈 (3)
7 비례식 (1)
8 비례식 (2)
9 원의 넓이

중등 수학

중1

A권
1 소인수분해
2 최대공약수와 최소공배수
3 정수와 유리수
4 정수와 유리수의 계산

B권
1 문자와 식
2 일차방정식
3 좌표평면과 그래프

중2

A권
1 유리수와 순환소수
2 식의 계산
3 부등식

B권
1 연립방정식
2 일차함수와 그래프
3 일차함수와 일차방정식

중3

A권
1 제곱근과 실수
2 제곱근을 포함한 식의 계산
3 다항식의 곱셈
4 다항식의 인수분해

B권
1 이차방정식
2 이차함수의 그래프 (1)
3 이차함수의 그래프 (2)

빅터 연산

구성과 특징 Structure

흥미

만화로 흥미 UP

학습할 내용을 만화로 먼저 보면 흥미와 관심을 높일 수 있습니다.

개념 & 원리

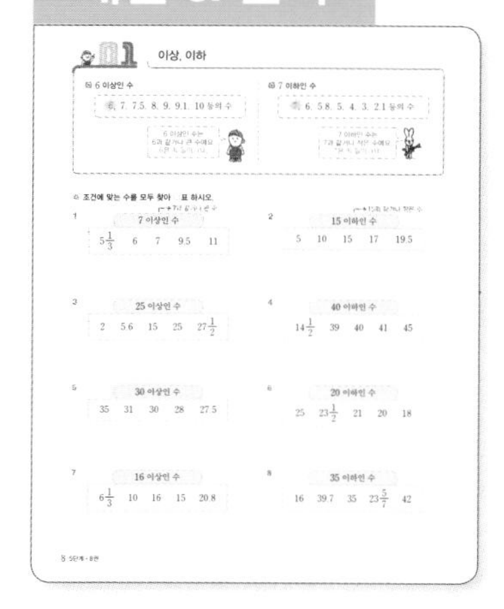

개념 & 원리 탄탄

연산의 원리를 쉽고 재미있게 확실히 이해하도록 하였습니다. 원리 이해를 돕는 문제로 연산의 기본을 다집니다.

정확성

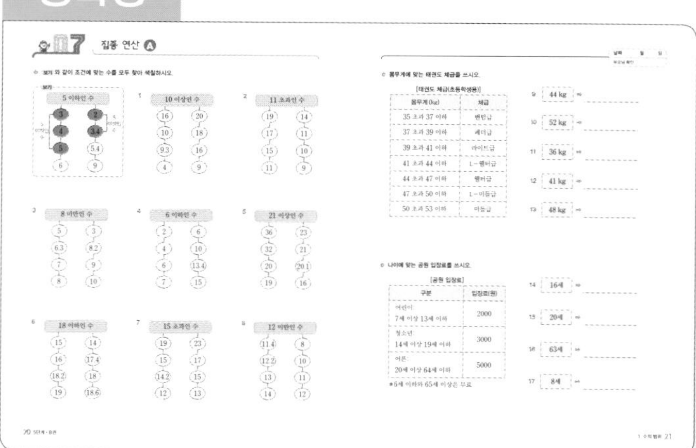

집중 연산

집중 연산을 통해 연산을 더 빠르고 더 정확하게 해결할 수 있게 됩니다.

다양한 유형

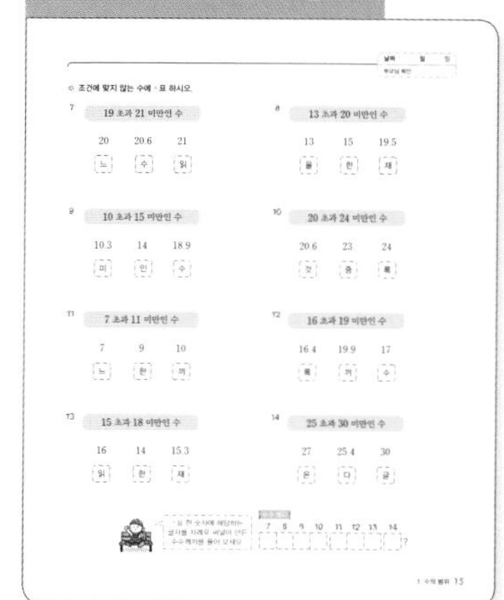

다양한 유형으로 흥미 UP

수수께끼, 연상퀴즈 등 다양한 형태의 문제로 게임보다 더 쉽고 재미있게 연산을 학습하면서 실력을 쌓을 수 있습니다.

5단계 · B권

Contents

차례

1 수의 범위

12 초과 14 미만인 수는 12와 14가 들어가지 않아.

12 초과 14 미만인 수
➡ 12보다 크고 14보다 작은 수
➡ 13

학습 내용

- 이상, 이하
- 초과, 미만
- 수의 범위
- 수직선에 수의 범위 나타내기

01 이상, 이하

6 이상인 수

6, 7, 7.5, 8, 9, 9.1, 10 등의 수

6 이상인 수는
6과 같거나 큰 수예요.
6은 꼭 들어가요.

7 이하인 수

7, 6, 5.8, 5, 4, 3, 2.1 등의 수

7 이하인 수는
7과 같거나 작은 수예요.
7은 꼭 들어가요.

✲ 조건에 맞는 수를 모두 찾아 ○표 하시오.

1 7 이상인 수 (→7과 같거나 큰 수)

$5\frac{1}{3}$　6　7　9.5　11

2 15 이하인 수 (→15와 같거나 작은 수)

5　10　15　17　19.5

3 25 이상인 수

2　5.6　15　25　$27\frac{1}{2}$

4 40 이하인 수

$14\frac{1}{2}$　39　40　41　45

5 30 이상인 수

35　31　30　28　27.5

6 20 이하인 수

25　$23\frac{1}{2}$　21　20　18

7 16 이상인 수

$6\frac{1}{3}$　10　16　15　20.8

8 35 이하인 수

16　39.7　35　$23\frac{5}{7}$　42

✲ 자동차 계기판의 속도를 보고 제한 속도 이하인 것에 모두 ○표 하시오.

제한 속도

9

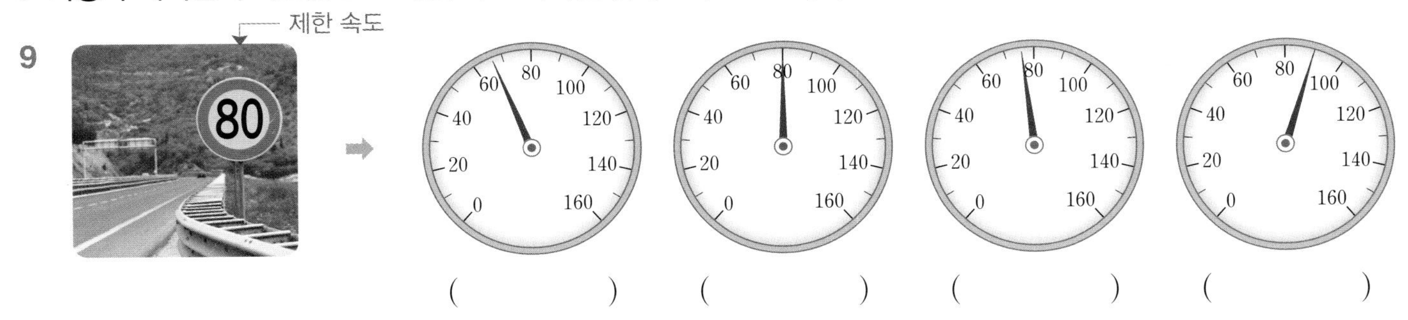

(　　) (　　) (　　) (　　)

10

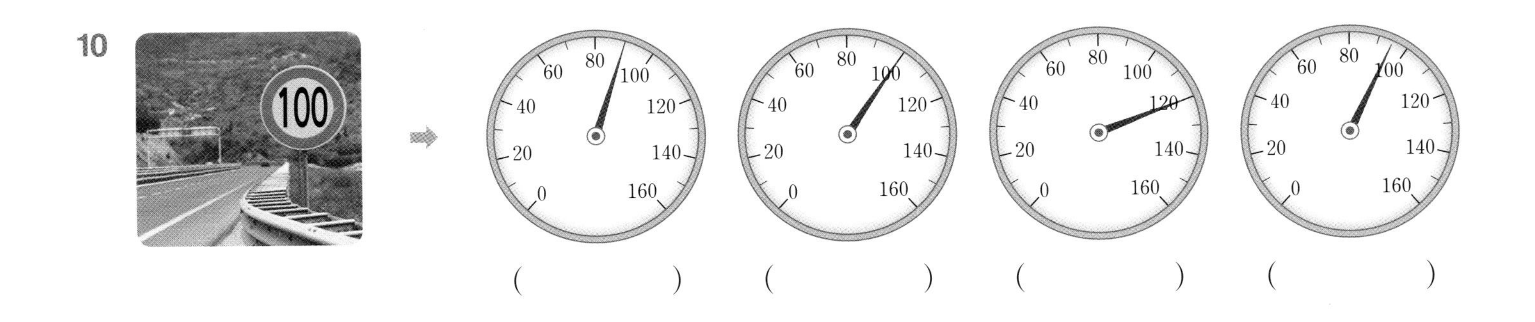

(　　) (　　) (　　) (　　)

11

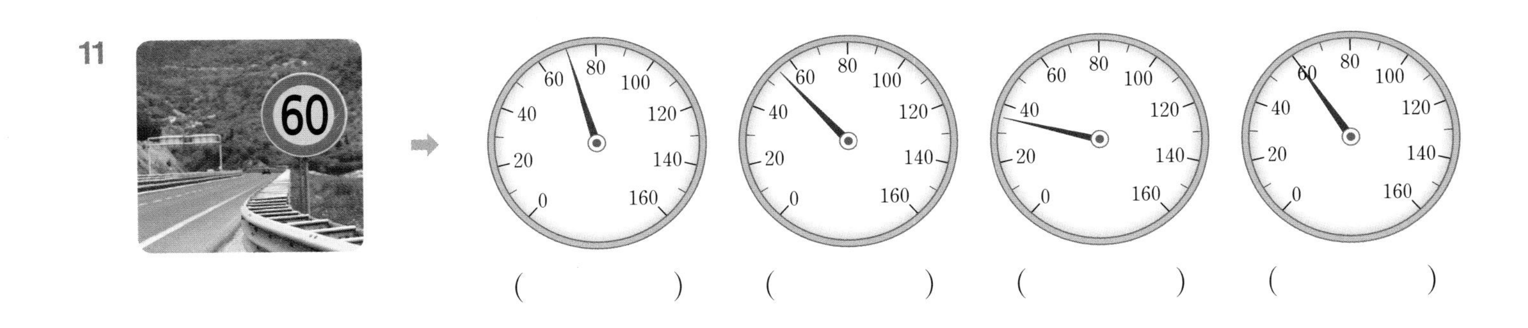

(　　) (　　) (　　) (　　)

12

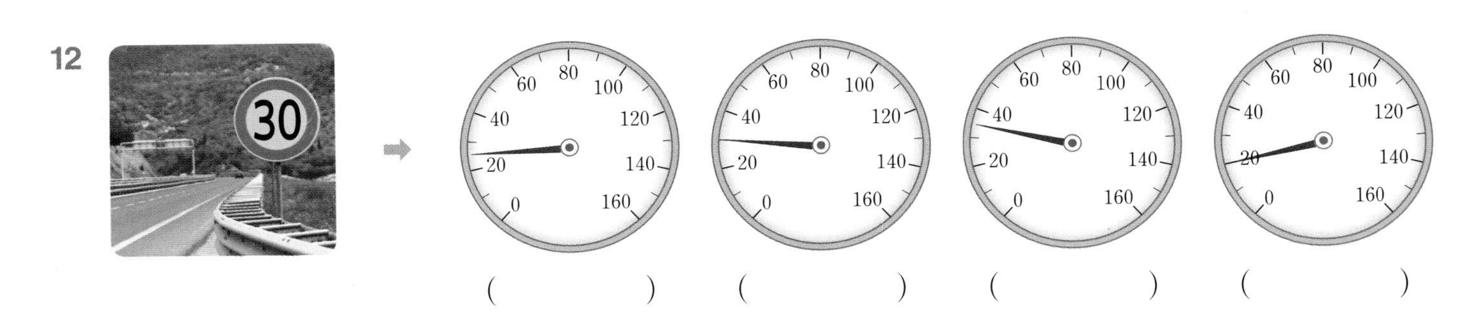

(　　) (　　) (　　) (　　)

초과, 미만

6 초과인 수

6.5, 7, 8, 8.3, 9, 10 등의 수

6 초과인 수는 6보다 큰 수예요.
6은 들어가지 않아요!

7 미만인 수

6.9, 6.5, 5, 4, 3.4, 3 등의 수

7 미만인 수는 7보다 작은 수예요.
7은 들어가지 않아요!

✲ 조건에 맞는 수를 모두 찾아 ○표 하시오.

1 9 초과인 수 (→ 9보다 큰 수)

8 9 9.6 10 11

2 10 미만인 수 (→ 10보다 작은 수)

3.5 8 10 10.7 11

3 15 초과인 수

13.8 15 $16\frac{1}{3}$ 18

4 20 미만인 수

12 17 $19\frac{3}{4}$ 20 20.8

5 25 초과인 수

27 26 25.5 24 $9\frac{3}{10}$

6 40 미만인 수

46 40.3 40 36 14

7 30 초과인 수

11.4 13 $30\frac{2}{3}$ 30 41

8 55 미만인 수

50 55 52.9 57 61

✲ 자동차의 높이입니다. 보기 와 같이 높이 제한이 있을 때 지나갈 수 있는 차를 모두 찾아 기호를 쓰시오.

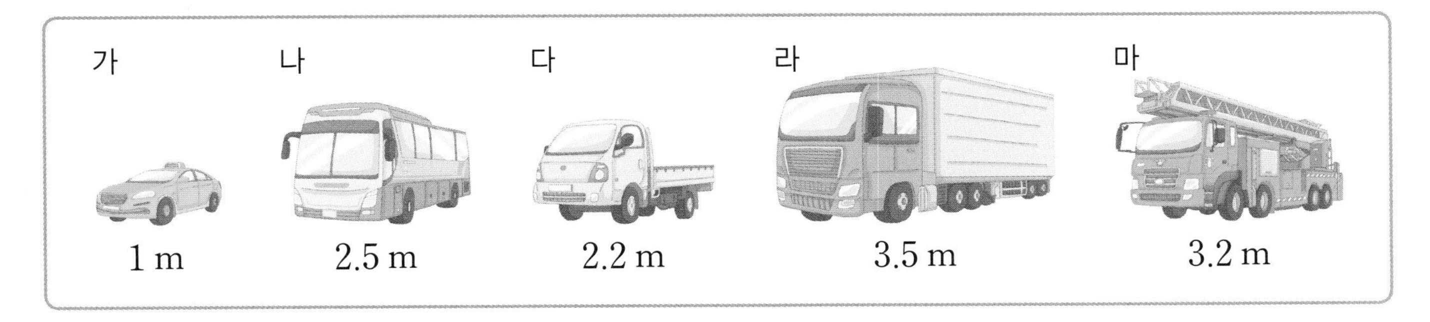

가, 다

→ 높이가 2.3 m 미만인 차만 지나갈 수 있습니다.

9

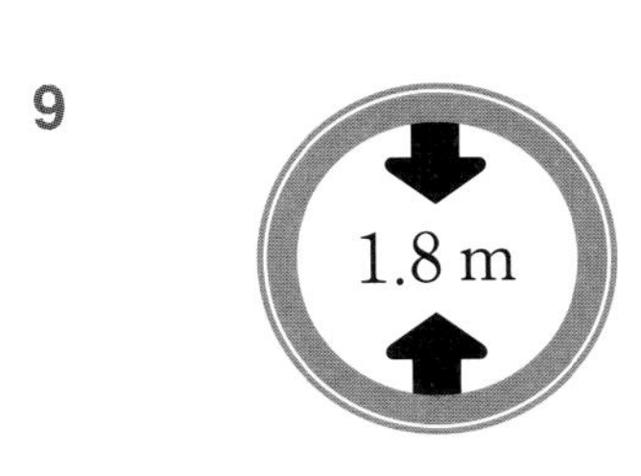

10

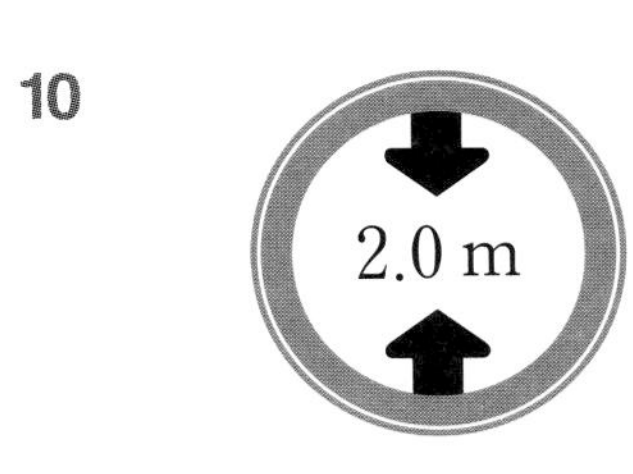

11

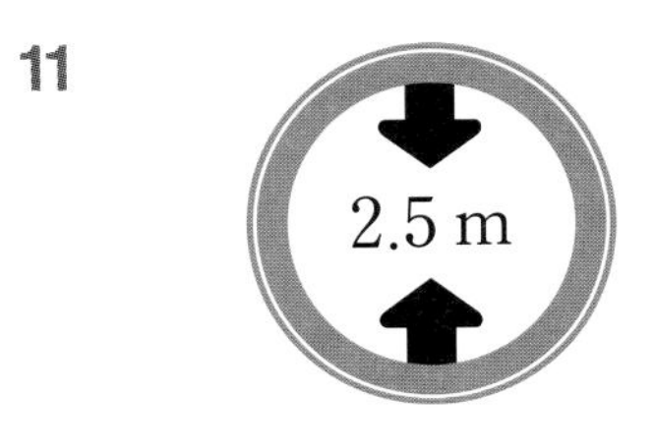

12

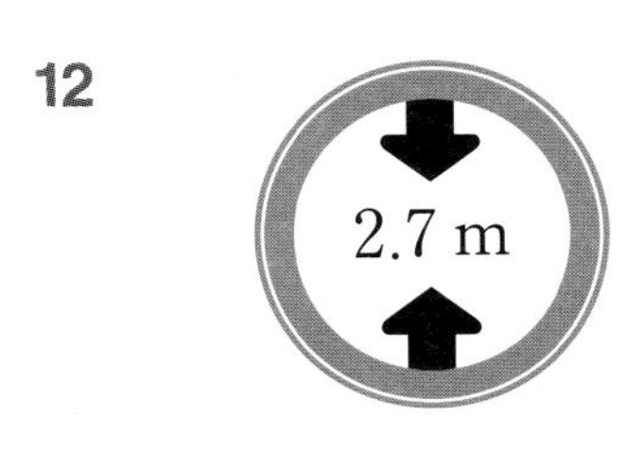

13

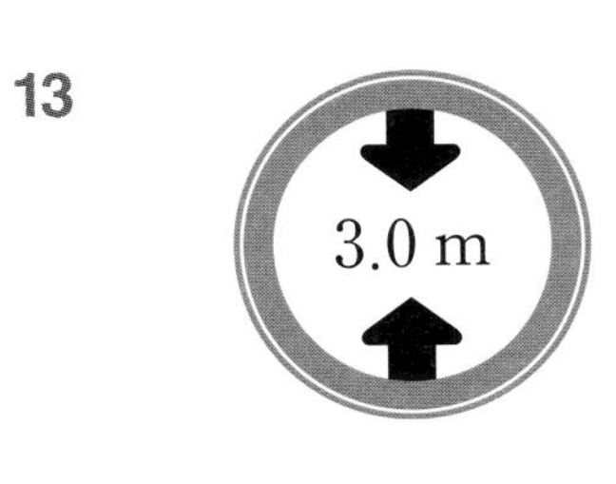

14

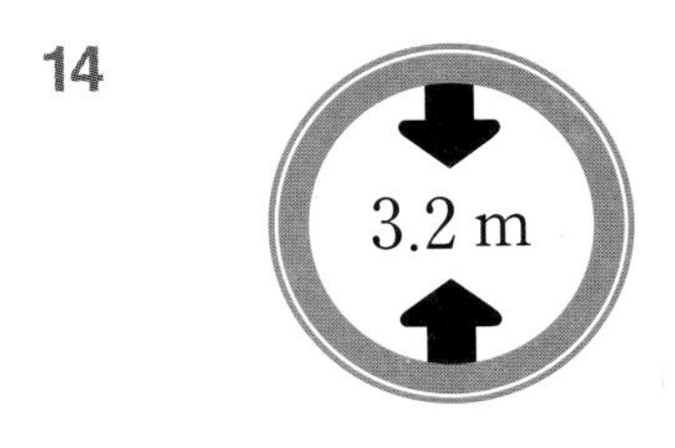

15

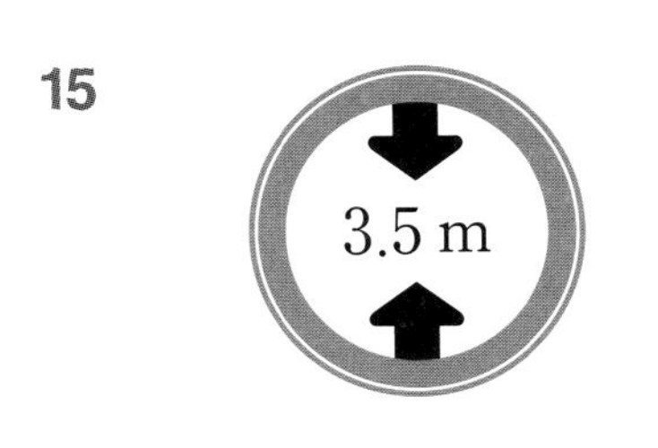

16

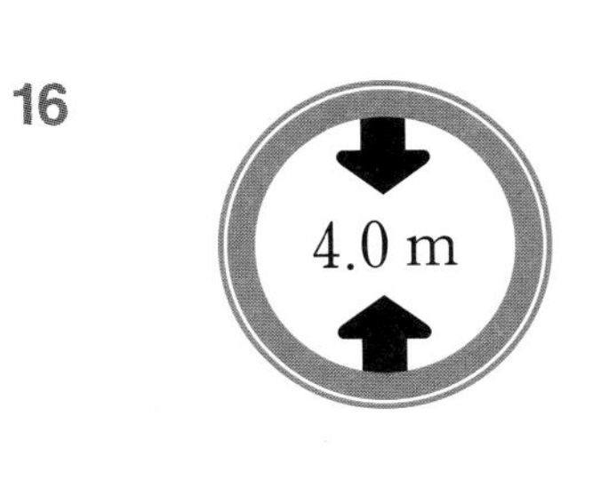

03 수의 범위(1)

⊡ 3 이상 9 이하인 수

1 2 3 4 5 6 7 8 9 10

3과 같거나 크고 9와 같거나 작은 수예요.

✲ 조건에 맞는 수를 모두 찾아 ○표 하시오.

1 (14와 같거나 크고 19와 같거나 작은 수)

14 이상 19 이하인 수		
13	14	14.9
19	20	29

2

5 이상 10 이하인 수		
4	5.8	8
10	11	11.6

3

20 이상 45 이하인 수		
19.6	20	29
35	45	45.7

4

10 이상 25 이하인 수		
7.5	10	22
25	25.9	30

5

25 이상 36 이하인 수		
33.5	23	25
25.6	21	36.4

6

16 이상 20 이하인 수		
16.5	21	19
23.4	17	20

날짜 : 월 일

부모님 확인

✲ 어린이의 키를 보고 놀이기구를 탈 수 있는 어린이의 이름을 모두 쓰시오.

이름	윤정	미진	재우	소민	현경
키(cm)	104.8	107	110	130.2	140

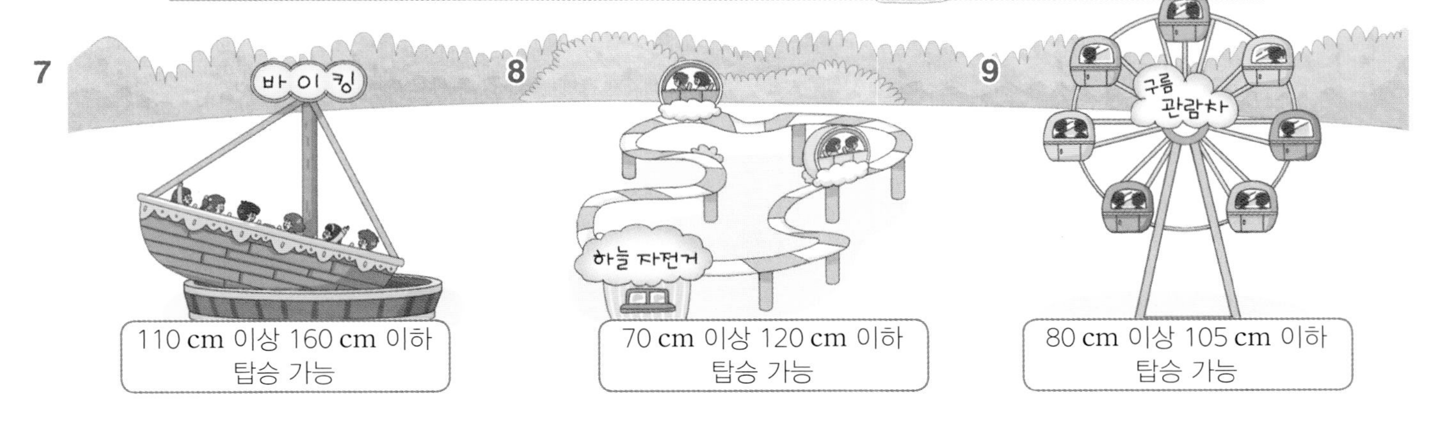

7

110 cm 이상 160 cm 이하 탑승 가능

8

70 cm 이상 120 cm 이하 탑승 가능

9

80 cm 이상 105 cm 이하 탑승 가능

10

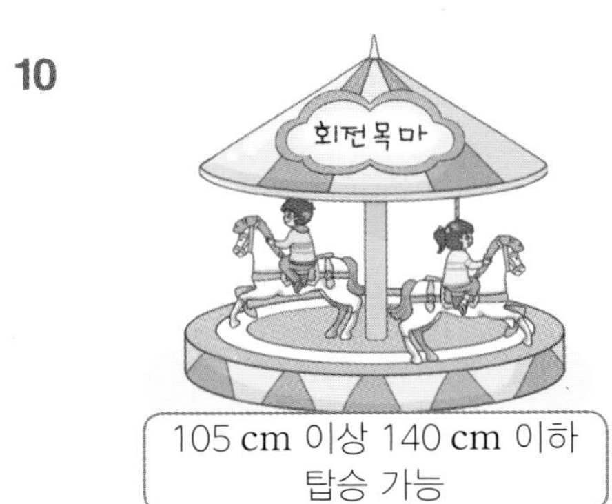

105 cm 이상 140 cm 이하 탑승 가능

11

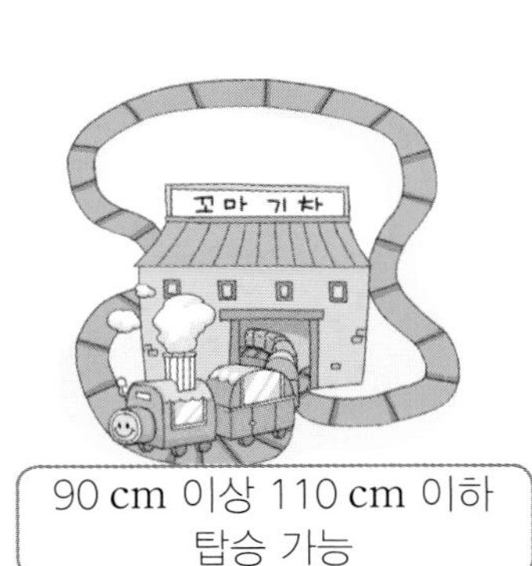

90 cm 이상 110 cm 이하 탑승 가능

12

135 cm 이상 160 cm 이하 탑승 가능

13

130 cm 이상 150 cm 이하 탑승 가능

14

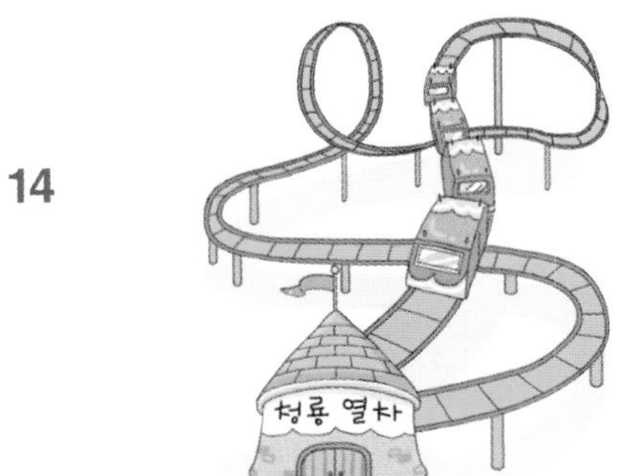

110 cm 이상 130 cm 이하 탑승 가능

15

허리케인

140 cm 이상 160 cm 이하 탑승 가능

수의 범위 (2)

⊙ 3 초과 9 미만인 수

1	2	~~3~~	4	5	6	7	8	~~9~~	10

3보다 크고 9보다 작은 수예요!

✲ 조건에 맞는 수를 모두 찾아 ○표 하시오.

1 (→9보다 크고 11보다 작은 수)

9 초과 11 미만인 수		
8.5	9	9.7
10	10.9	11

2 (→13보다 크고 20보다 작은 수)

13 초과 20 미만인 수		
10	13	13.7
15	16	20

3

10 초과 13 미만인 수		
9	10	11.8
12	13	15

4

33 초과 37 미만인 수		
31	33	33.4
36.8	37	38

5

50 초과 55 미만인 수		
54.4	50.4	55.7
50	55	53

6

30 초과 35 미만인 수		
29	34	35.4
30	35	31.6

날짜 : 월 일

부모님 확인

✲ 조건에 맞지 않는 수에 ×표 하시오.

7 19 초과 21 미만인 수

20	20.6	21
느	수	읽

8 13 초과 20 미만인 수

13	15	19.5
을	한	재

9 10 초과 15 미만인 수

10.3	14	18.9
미	인	수

10 20 초과 24 미만인 수

20.6	23	24
것	중	록

11 7 초과 11 미만인 수

7	9	10
느	한	끼

12 16 초과 19 미만인 수

16.4	19.9	17
록	끼	수

13 15 초과 18 미만인 수

16	14	15.3
읽	한	재

14 25 초과 30 미만인 수

27	25.4	30
은	다	글

×표 한 숫자에 해당하는 글자를 차례로 써넣어 만든 수수께끼를 풀어 보세요.

수수께끼

7	8	9	10	11	12	13	14

?

05 수의 범위 (3)

⊡ 4 이상 8 미만인 수

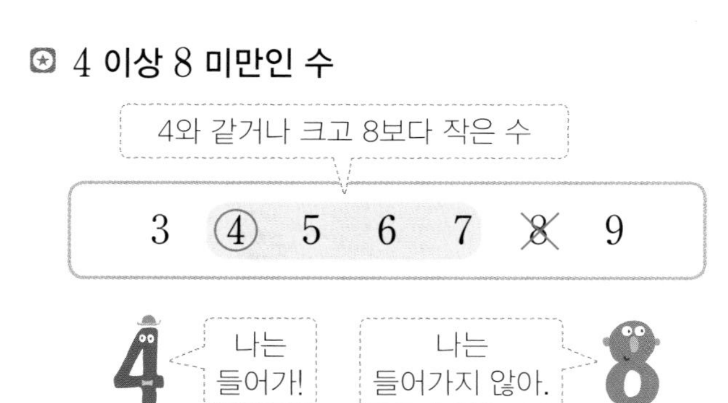

⊡ 2 초과 7 이하인 수

✲ 조건에 맞는 수를 모두 찾아 ○표 하시오.

1

5 이상 9 미만인 수		
4	5	5.8
7	9	10

2

7 초과 10 이하인 수		
7	$7\frac{1}{3}$	8
10	10.7	11

3

15 이상 17 미만인 수		
14.7	15	16
17	$17\frac{2}{5}$	19.4

4

20 초과 23 이하인 수		
18	20	21
22.6	23	25

5

42 이상 45 미만인 수		
43	45.5	46
45	47	42

6

98 초과 100 이하인 수		
97	100	98.8
$100\frac{1}{4}$	98	99

✲ 중량에 맞는 소포의 요금을 구하시오.

[소포 요금]

중량(kg)	요금(원)
2 이하	4000
2 초과 5 이하	5000
5 초과 10 이하	6500
10 초과 20 이하	8000
20 초과 30 이하	9500

7

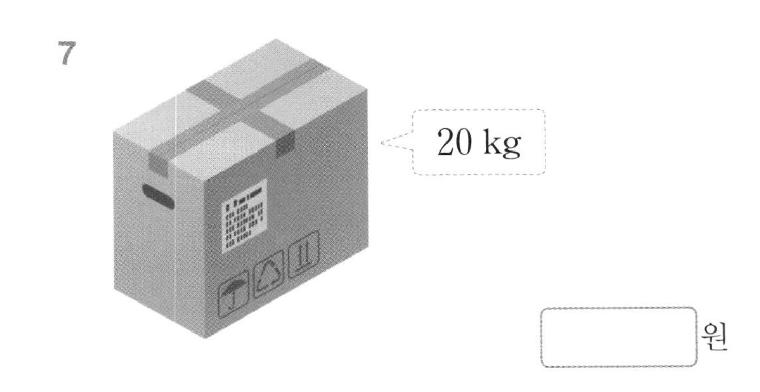

원

8

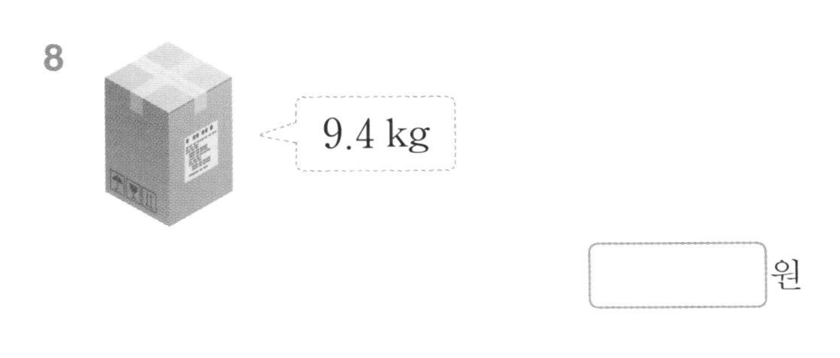

원

9

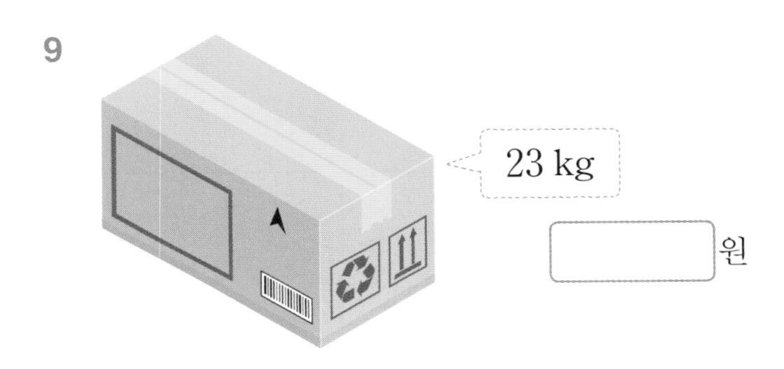

원

10

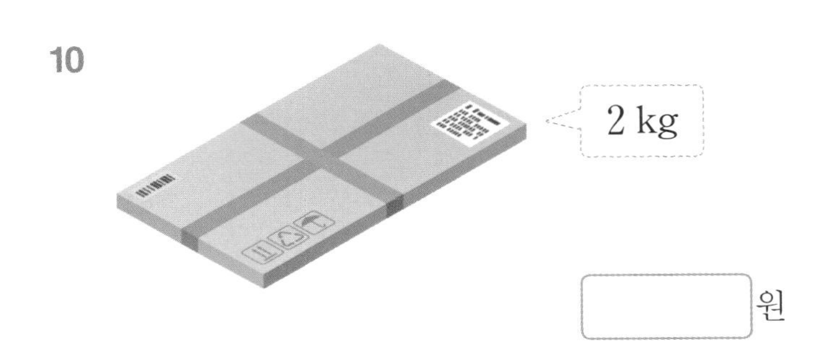

원

11

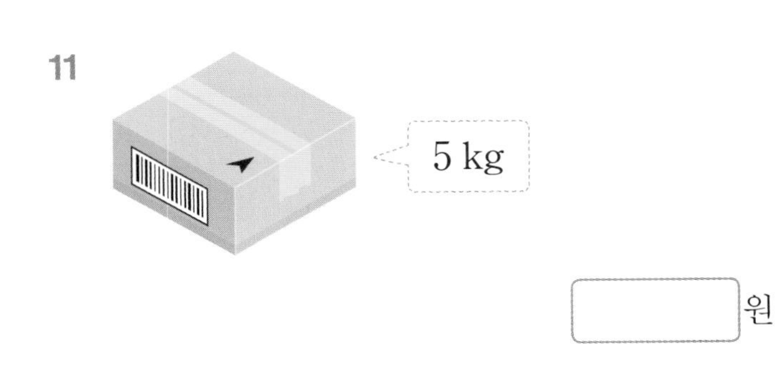

원

12

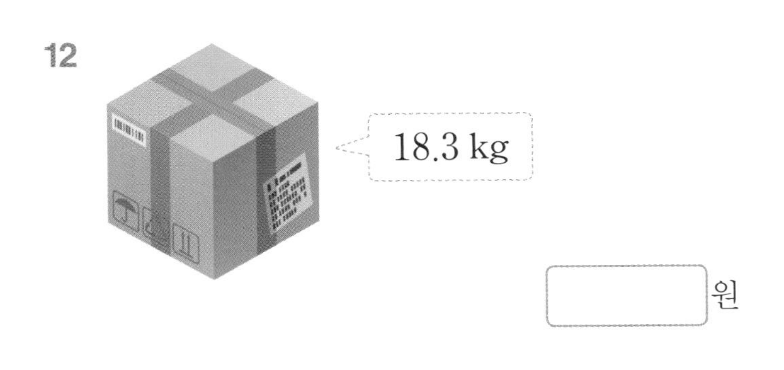

원

13

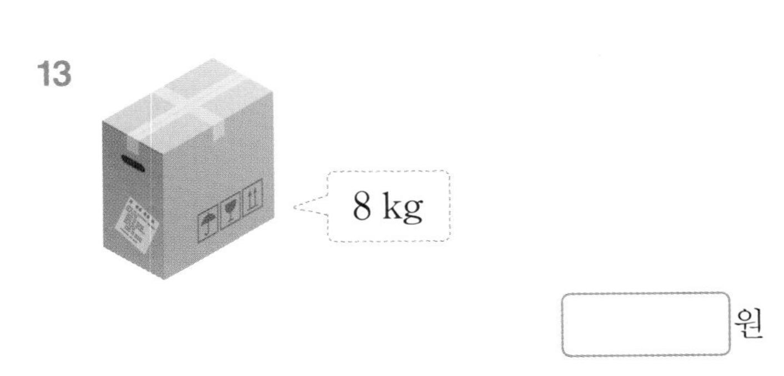

원

06 수직선에 수의 범위 나타내기

수직선에 이상, 이하 나타내기

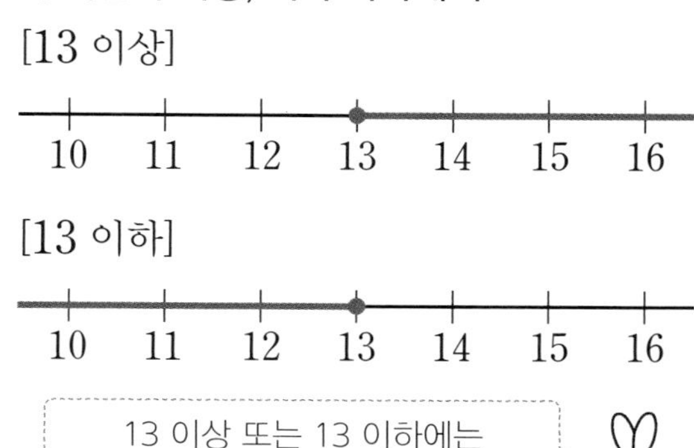

13 이상 또는 13 이하에는
13이 들어가므로 점 ●을 사용해요.

수직선에 초과, 미만 나타내기

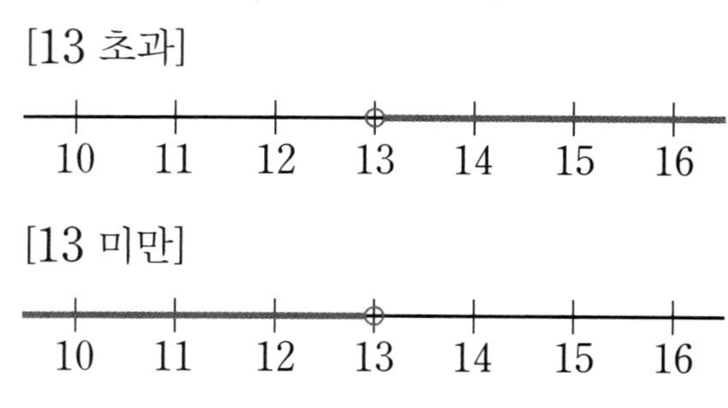

13 초과 또는 13 미만에는
13이 들어가지 않으므로 점 ○을 사용해요.

수의 범위를 수직선에 나타내시오.

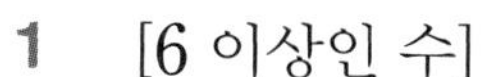

1 [6 이상인 수]

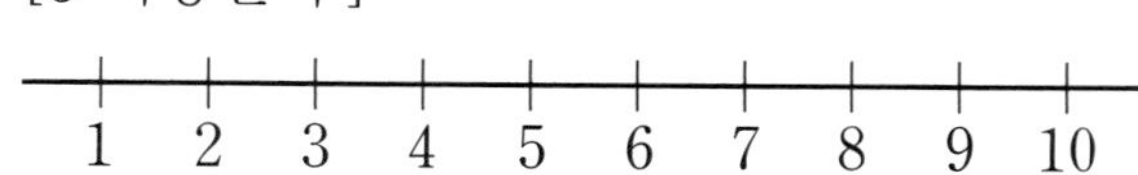

2 [8 이하인 수]

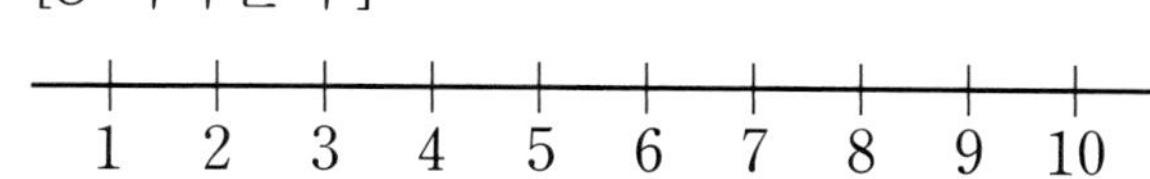

3 [15 이상인 수]

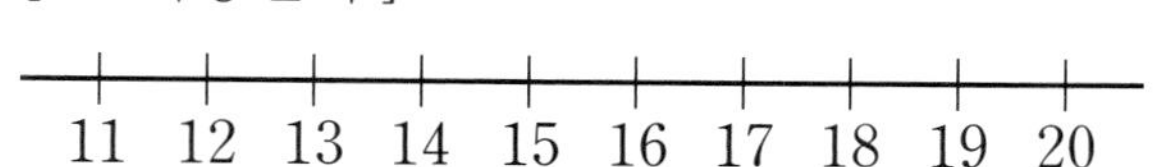

4 [14 이하인 수]

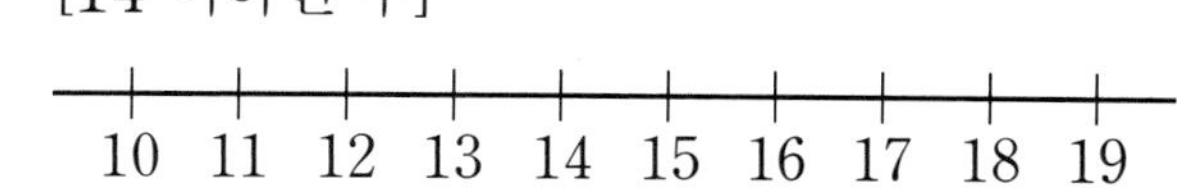

5 [12 초과인 수]

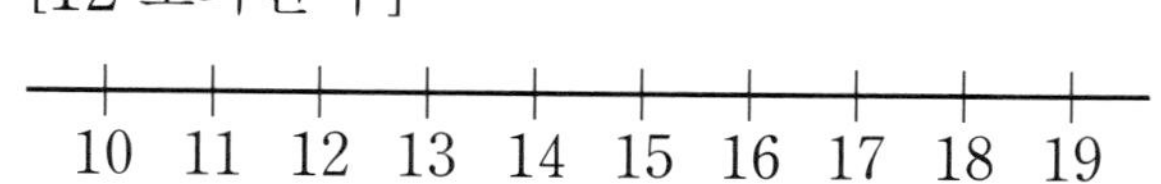

6 [7 미만인 수]

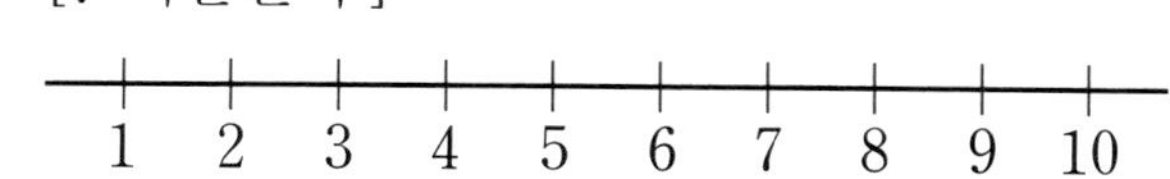

7 [24 초과인 수]

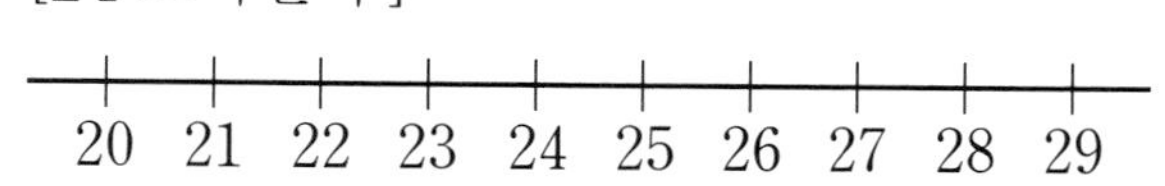

8 [16 미만인 수]

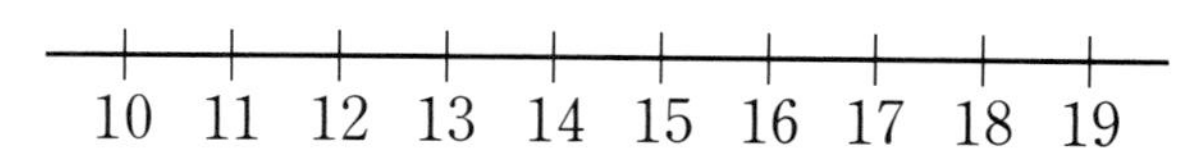

날짜 : 월 일

부모님 확인

✲ 보기 와 같이 수의 범위를 수직선에 나타내시오.

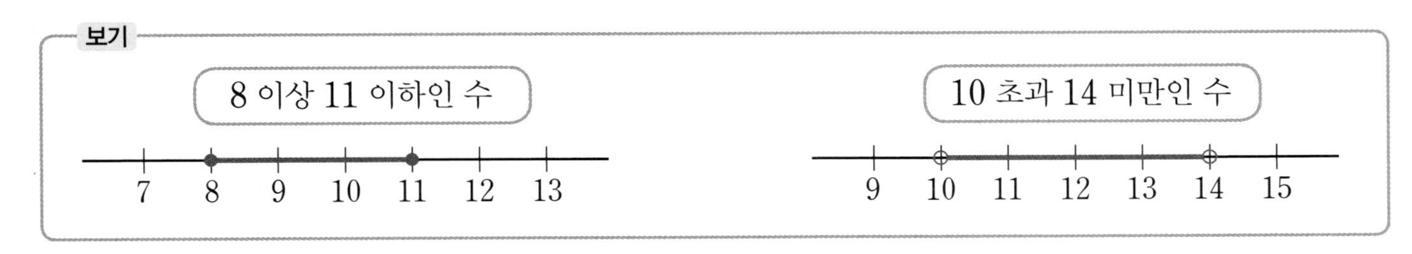

9

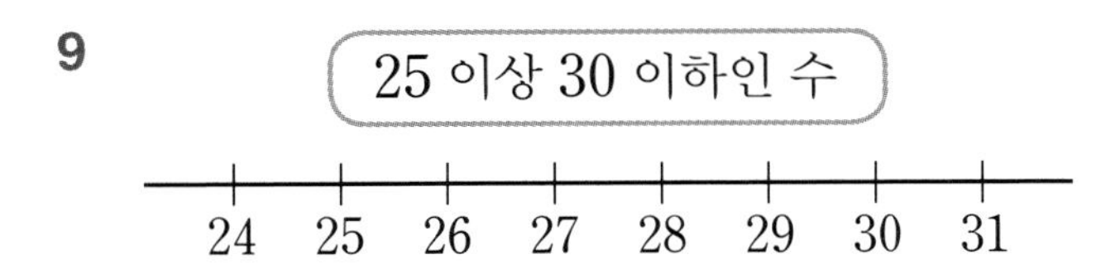

10

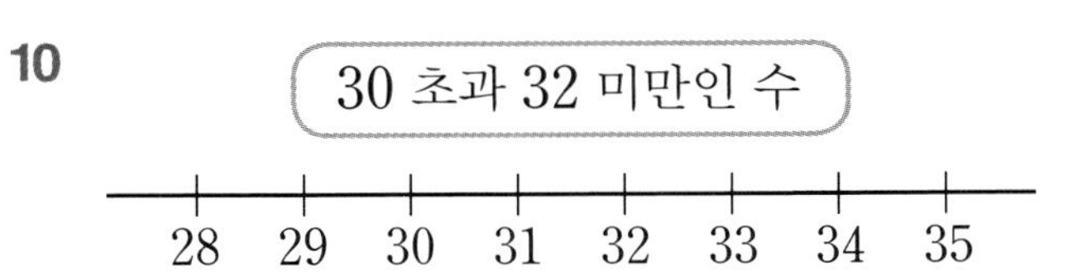

11

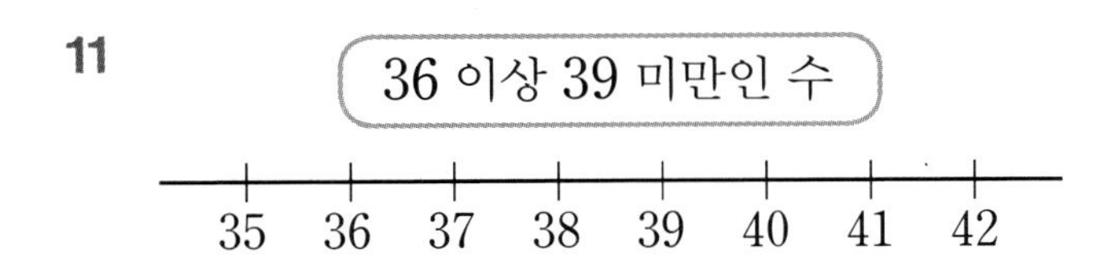

12

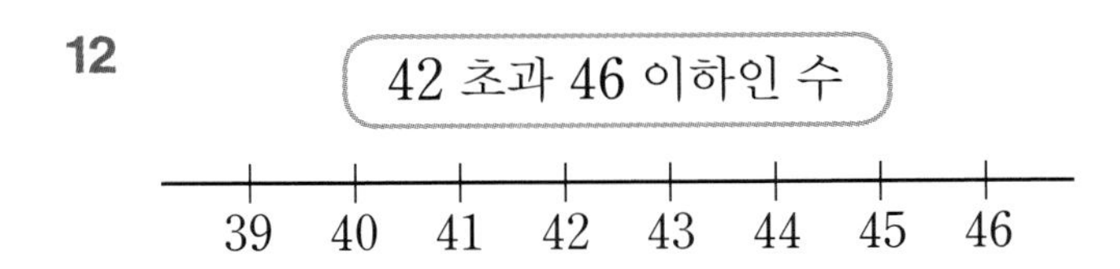

13

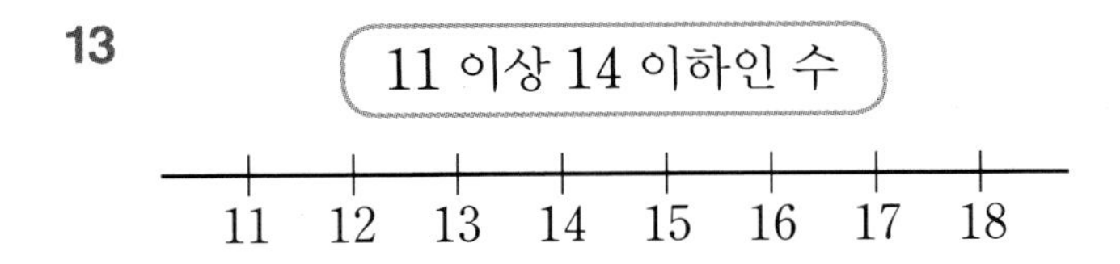

14

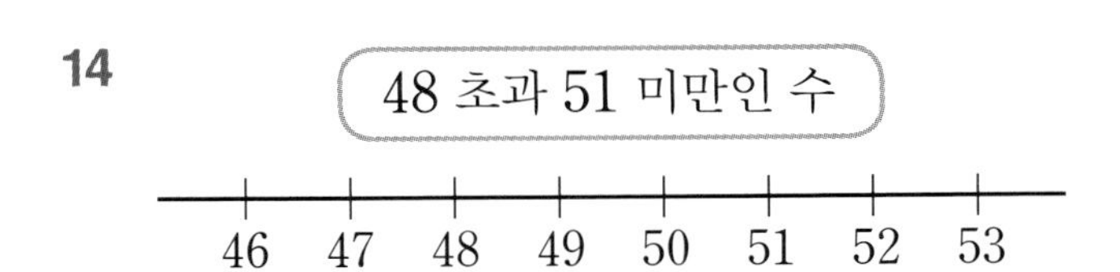

15

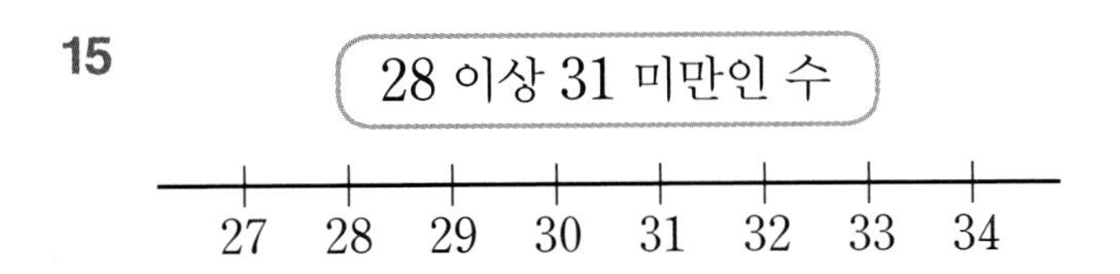

16

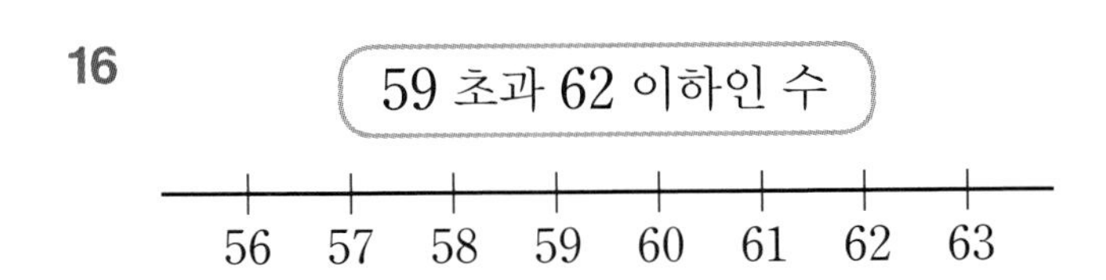

집중 연산 A

✲ 보기 와 같이 조건에 맞는 수를 모두 찾아 색칠하시오.

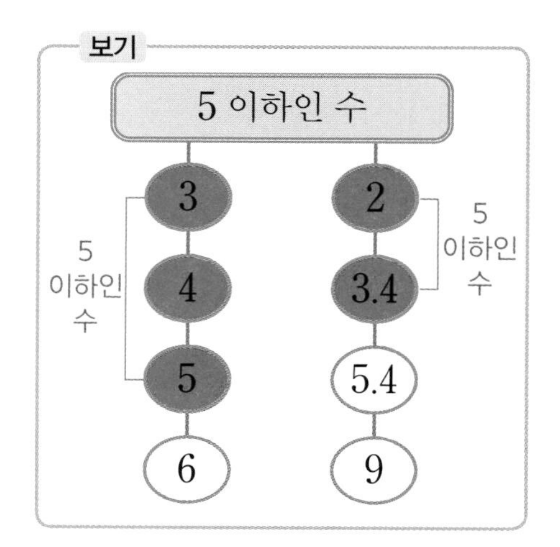

1
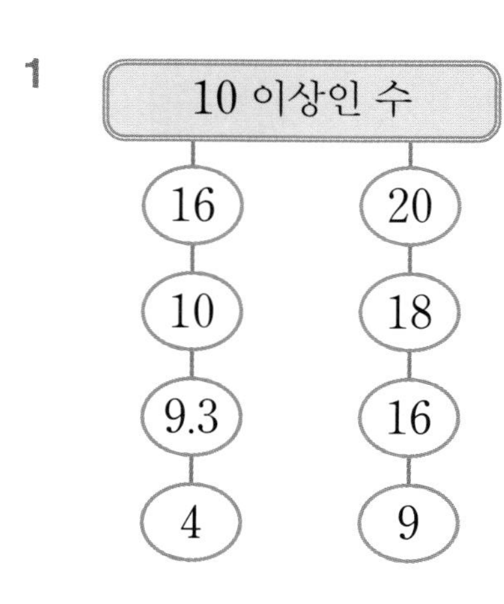

2
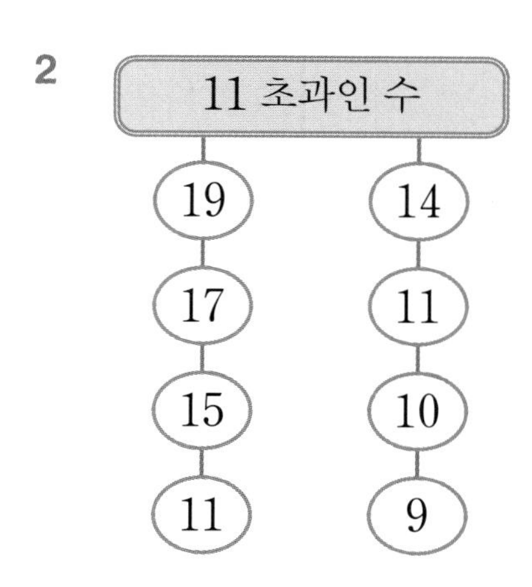

3
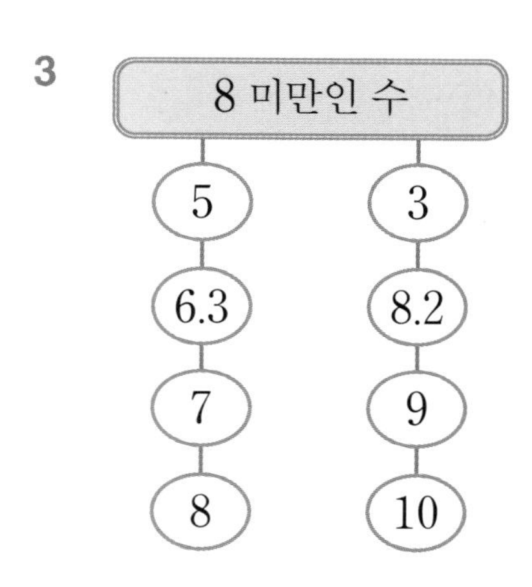

4
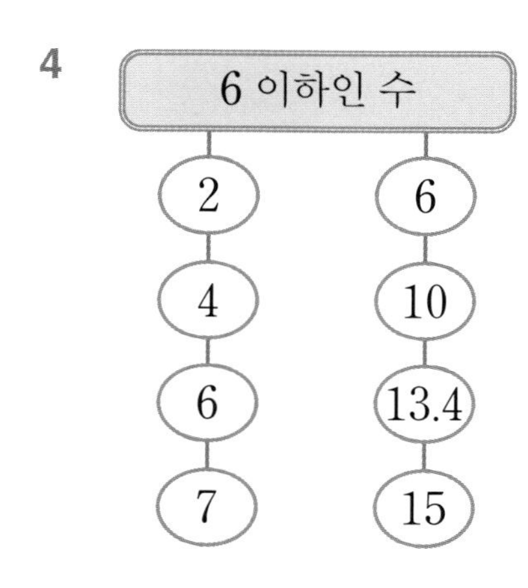

5
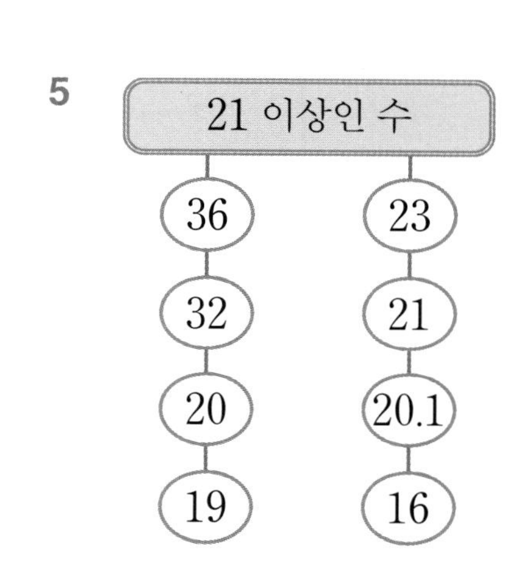

6
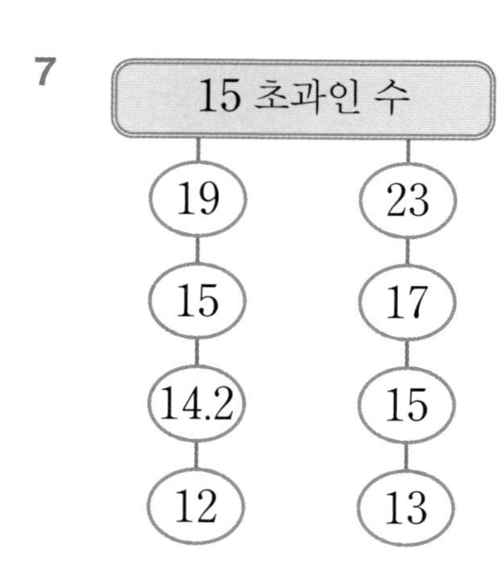

7

8
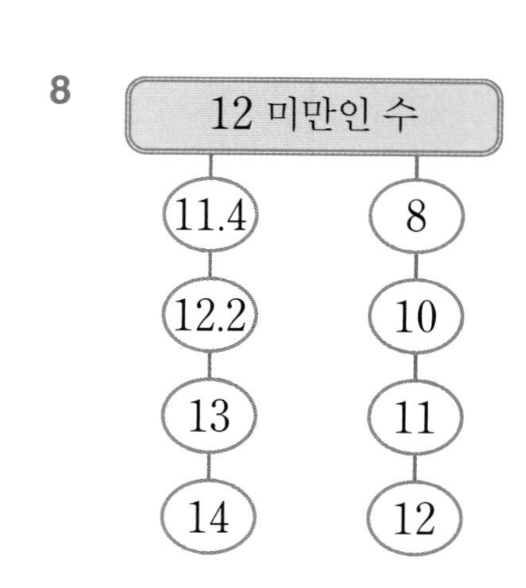

날짜 : 월 일
부모님 확인

✲ 몸무게에 맞는 태권도 체급을 쓰시오.

[태권도 체급(초등학생용)]

몸무게 (kg)	체급
35 초과 37 이하	밴텀급
37 초과 39 이하	페더급
39 초과 41 이하	라이트급
41 초과 44 이하	L-웰터급
44 초과 47 이하	웰터급
47 초과 50 이하	L-미들급
50 초과 53 이하	미들급

9 44 kg ➡ ____________

10 52 kg ➡ ____________

11 36 kg ➡ ____________

12 41 kg ➡ ____________

13 48 kg ➡ ____________

✲ 나이에 맞는 공원 입장료를 쓰시오.

[공원 입장료]

구분	입장료(원)
어린이: 7세 이상 13세 이하	2000
청소년: 14세 이상 19세 이하	3000
어른: 20세 이상 64세 이하	5000

*6세 이하와 65세 이상은 무료

14 16세 ➡ ____________

15 20세 ➡ ____________

16 63세 ➡ ____________

17 8세 ➡ ____________

집중 연산 B

✲ 조건에 맞는 수를 모두 찾아 ○표 하시오.

1

139 이상인 수		
133	130	139
140	129.9	134.1

2

110 이하인 수		
111.4	112	113
110	110.5	105.7

3

80 초과인 수		
65	80.7	80
79.7	51	86

4

10 미만인 수		
7.5	9.8	10
3	10.5	15

5

45 이상 50 이하인 수		
50	43	46
45.5	41	53

6

80 초과 84 미만인 수		
84	81	86
80.4	83	80

7

15 이상 19 미만인 수		
20	19	18.6
17	15	21.4

8

35 초과 40 이하인 수		
40	44.2	35
33.9	34	35.1

9

55 이상 60 이하인 수		
59	63	61
60.4	55	53.2

10

28 초과 31 미만인 수		
34	31	29
33.5	28.4	27

날짜 : 월 일

부모님 확인

✲ 수직선에 나타낸 수의 범위를 쓰시오.

11

10 11 12 13 14 15 16 17

➡ ☐ 이하인 수

12

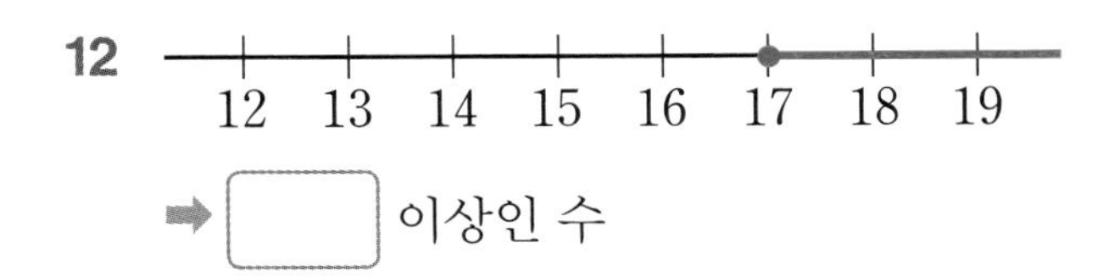

➡ ☐ 이상인 수

13

31 32 33 34 35 36 37 38

➡ ____________

14

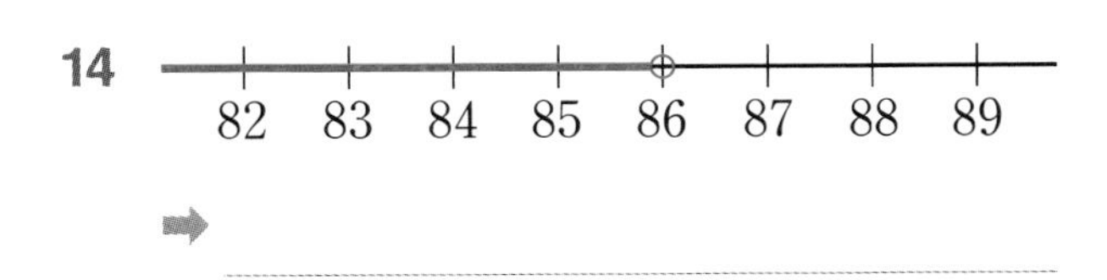

➡ ____________

15

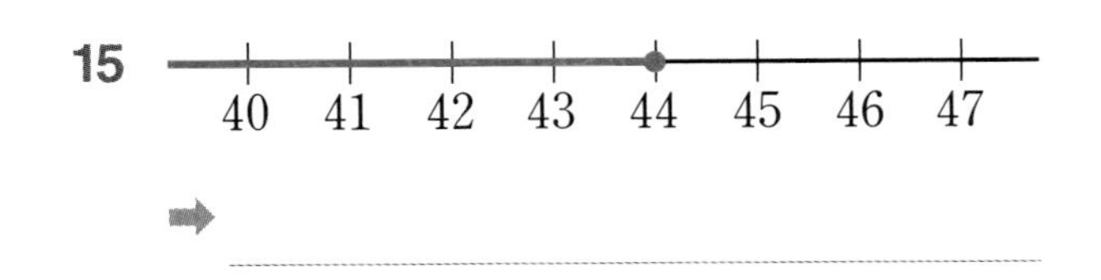

➡ ____________

16

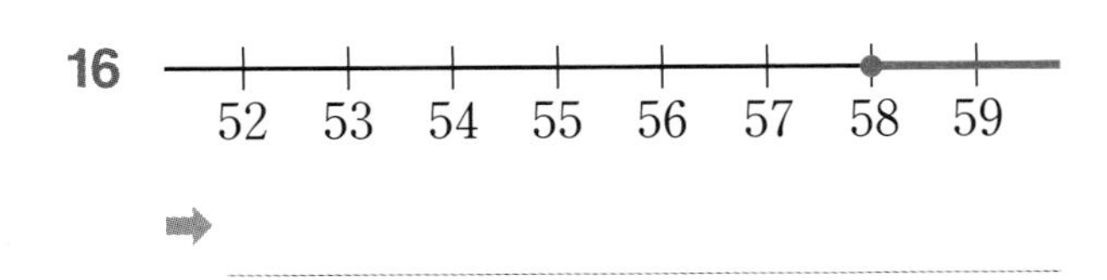

➡ ____________

17

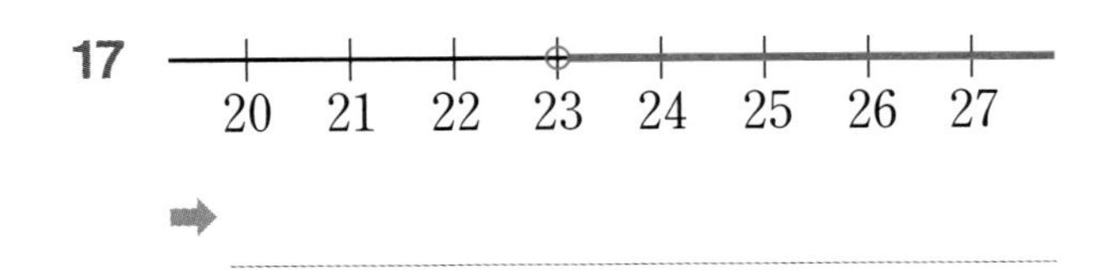

➡ ____________

18

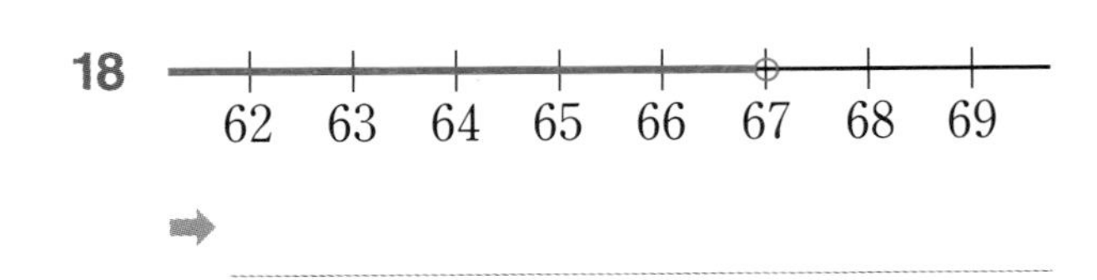

➡ ____________

19

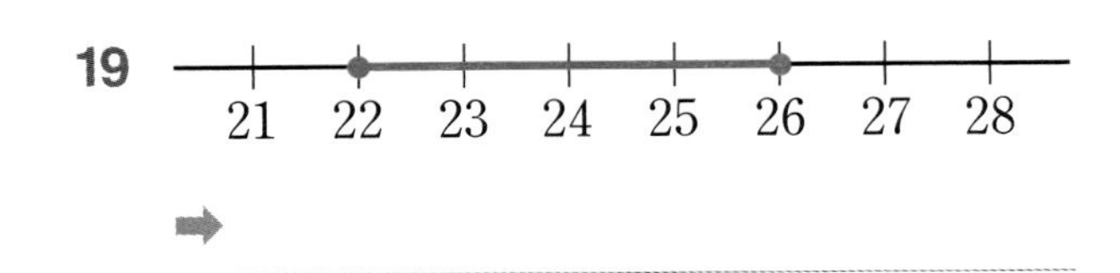

➡ ____________

20

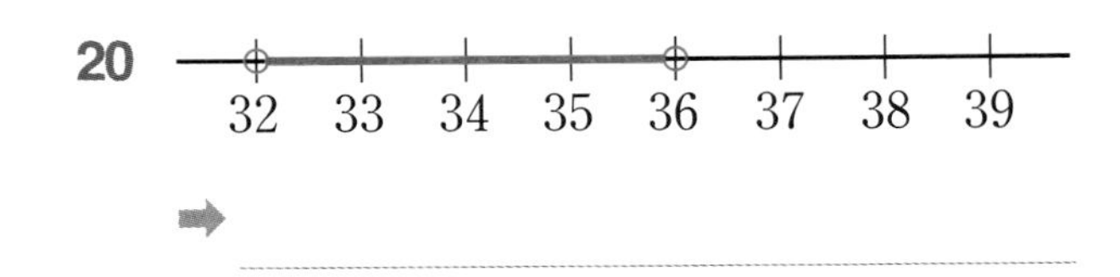

➡ ____________

21

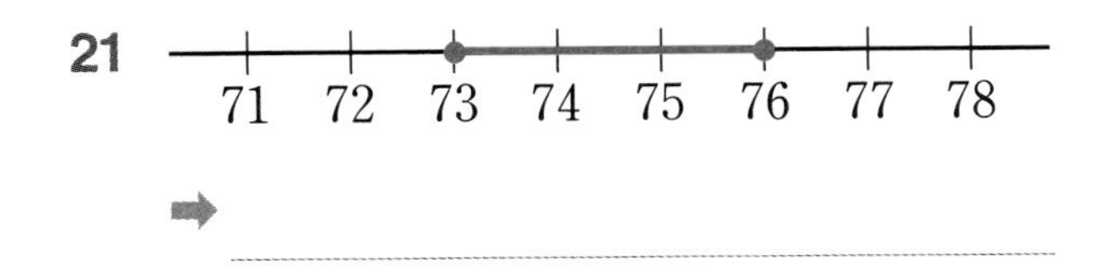

➡ ____________

22

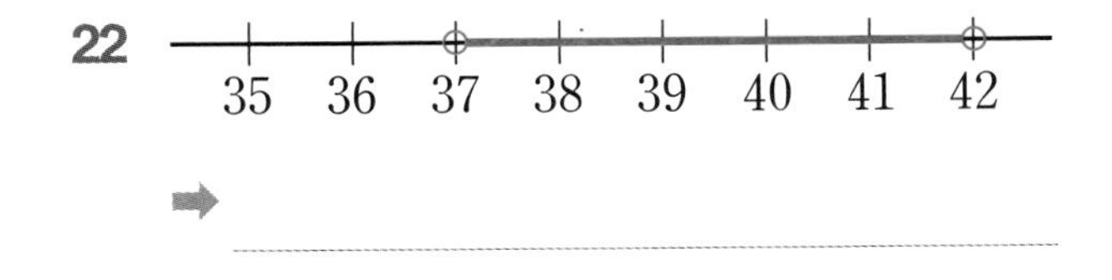

➡ ____________

23

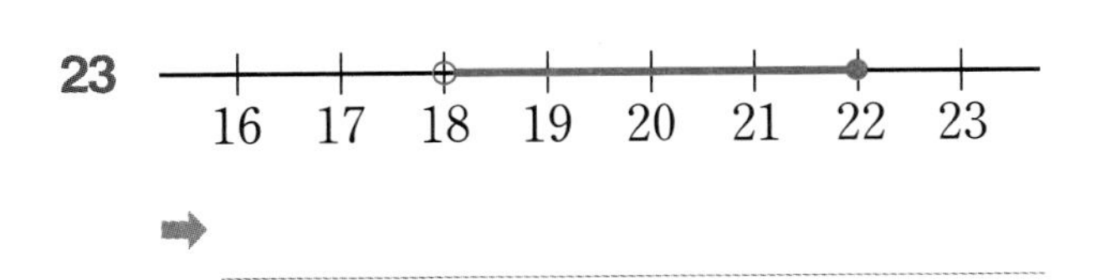

➡ ____________

24

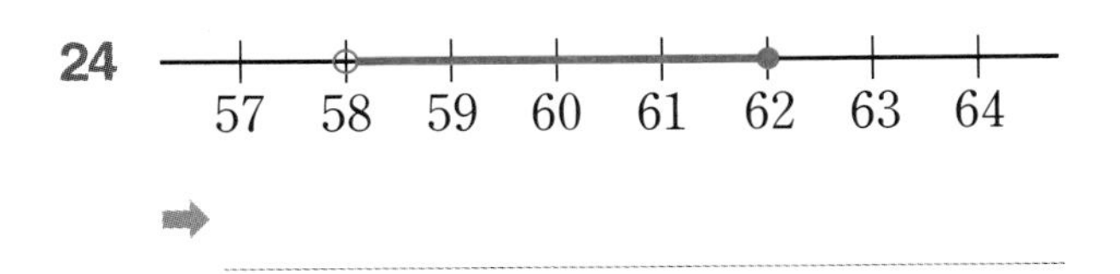

➡ ____________

2 올림, 버림, 반올림

이를 어떡하지?
초능력 가족이라니…….
안절
부절

저렇게 히어로들이
한꺼번에 오면 나의 기지도
안전하지 못해.

방법이
있습니다.
진짜?

소곤 소곤
오~ 그렇게 하면
되겠어!

여기 우리 밖에
없는데 왜 귓속말로
하는 거야?
한번 해 보고
싶었습니다.

그럼 작전을 바로 실행하도록
하겠습니다.

스모그 로봇 1, 2, 3, 4호 준비!
팍

작전을 시작한다.
슈
슝
슝

이제 모든 초능력은
내 것으로 만들테야!

이제 악당 스모그를
잡으러 가 볼까?

와~ 출동이다!

반올림: 구하려는 자리 바로 아래 자리의 숫자가 0, 1, 2, 3, 4이면 버리고 5, 6, 7, 8, 9이면 올려서 나타내는 방법

159 ➡ 160

학습 내용

- 자연수의 올림
- 소수의 올림
- 자연수의 버림
- 소수의 버림
- 자연수의 반올림
- 소수의 반올림

01 자연수의 올림

204를 올림하기

올림이란 구하려는 자리의 아래 수를 올려서 나타내는 방법입니다.

204 → 올림하여 십의 자리까지 나타내기 → 210 (십의 자리로 1을 올리고 십의 자리의 아래는 모두 0이 돼요.)

204 → 올림하여 백의 자리까지 나타내기 → 300 (백의 자리로 1을 올리고 백의 자리의 아래는 모두 0이 돼요.)

2100 → 올림하여 백의 자리까지 나타내기 → 2100

※ 올림하여 주어진 자리까지 나타내어 ▢ 안에 써넣으시오.

1

2

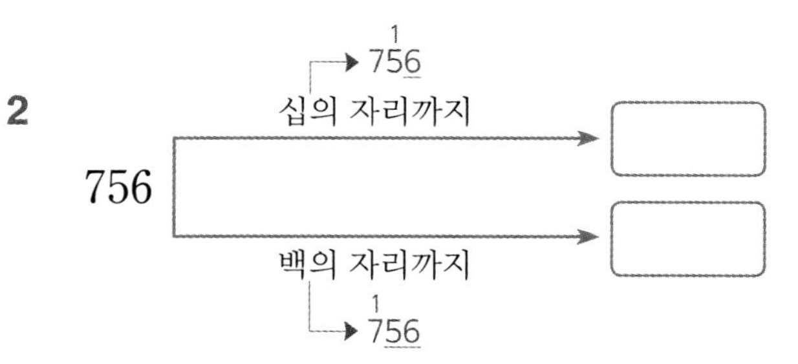

3

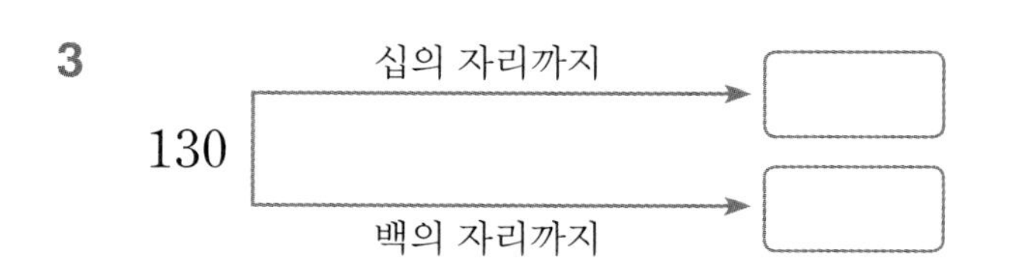

4

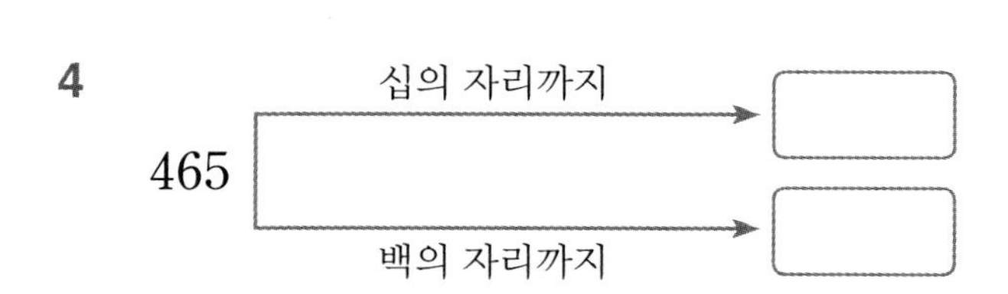

5

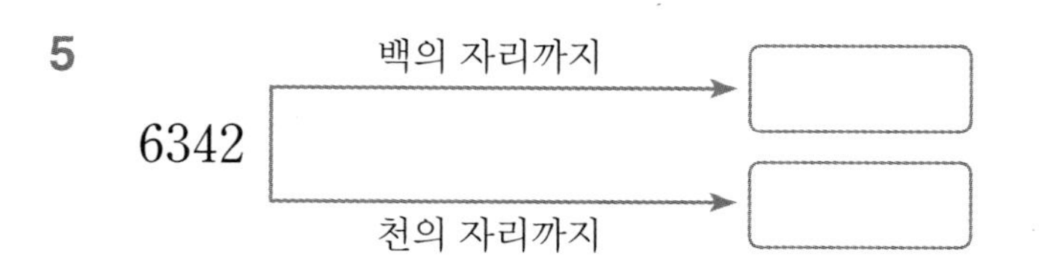

6

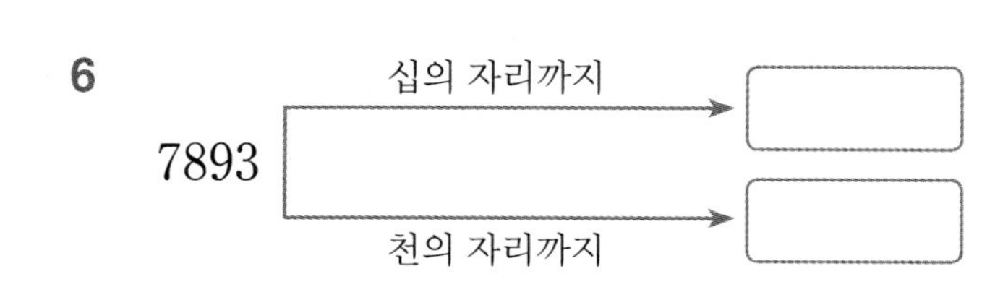

7

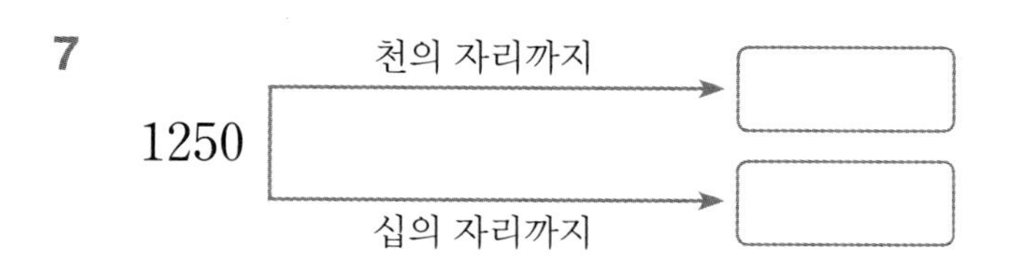

8

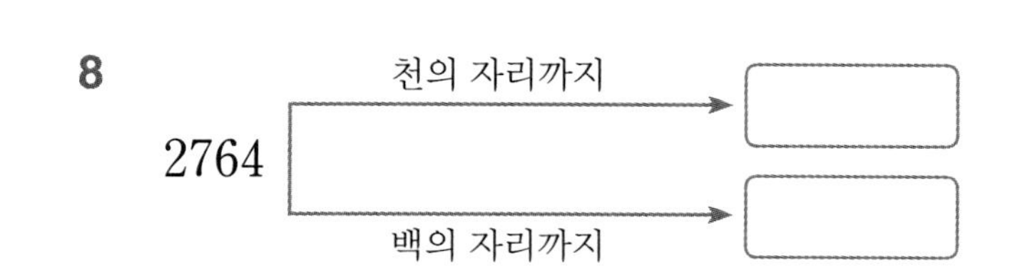

✲ 올림하여 바르게 나타낸 어린이에게 ◯표 하시오.

204 →(올림하여 십의 자리까지 나타내기) 210

(올림하여 십의 자리까지 나타내기)
=(십의 자리의 아래 수를 올림하기)

9

1340을 올림하여 **천의 자리**까지 나타내기

1400 ( ) 2000 ( )

→ 천의 자리의 아래 수를 올림하기

10

4567을 올림하여 **십의 자리**까지 나타내기

( ) ( )

11

3490을 올림하여 **백의 자리**까지 나타내기

( ) ( )

12

12345를 올림하여 **천의 자리**까지 나타내기

( ) ( )

13

5007을 올림하여 **십의 자리**까지 나타내기

( ) ( )

14

65431을 올림하여 **백의 자리**까지 나타내기

( ) ( )

15

6934를 올림하여 **천의 자리**까지 나타내기

( ) ( )

16

13579를 올림하여 **만의 자리**까지 나타내기

( ) ( )

17

49000을 올림하여 **백의 자리**까지 나타내기

( ) ( )

02 소수의 올림

85.624를 올림하기

올림하여 소수 첫째 자리까지 나타내기: $85.\overset{1}{6}24 \Rightarrow 85.7$

→ 소수 첫째 자리에 1을 올리기

→ 소수 첫째 자리의 아래 수는 모두 0이 돼요.

올림하여 소수 둘째 자리까지 나타내기: $85.6\overset{1}{2}4 \Rightarrow 85.63$

참고

올림하여 소수 첫째 자리까지 나타내기

$\overset{1}{7}.93 \Rightarrow 8$

숫자 9에 1을 더하면 10이니까 다시 일의 자리로 1을 올려요.

✲ 올림하여 소수 첫째 자리까지 나타내시오.

1 $23.451 \Rightarrow$ ______

2 $15.214 \Rightarrow$ ______

3 $27.467 \Rightarrow$ ______

4 $31.055 \Rightarrow$ ______

5 $141.892 \Rightarrow$ ______

6 $152.176 \Rightarrow$ ______

✲ 올림하여 소수 둘째 자리까지 나타내시오.

7 $11.243 \Rightarrow$ ______

8 $18.315 \Rightarrow$ ______

9 $26.104 \Rightarrow$ ______

10 $48.436 \Rightarrow$ ______

11 $171.523 \Rightarrow$ ______

12 $169.209 \Rightarrow$ ______

✲ 지도를 보고 보기 와 같이 현재 위치에서 각 지점까지의 거리를 올림하여 소수 첫째 자리까지 나타내시오.

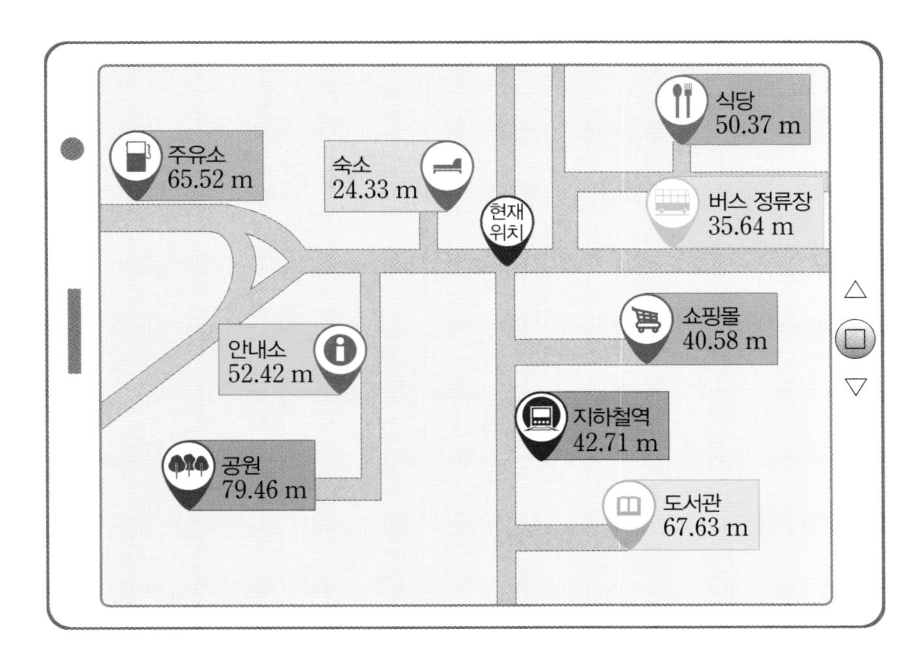

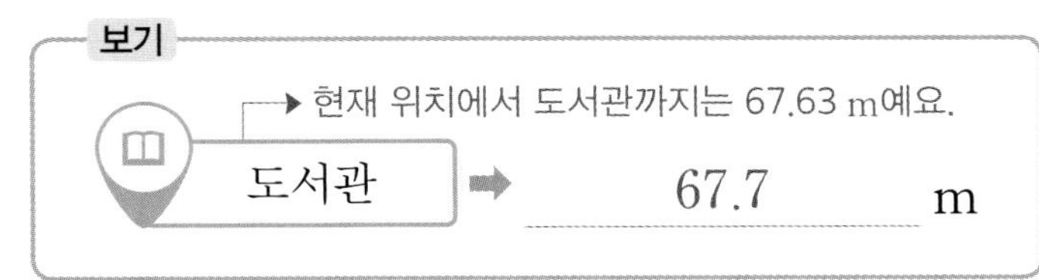

올림하여 소수 첫째 자리까지 나타내는 것은 소수 둘째 자리의 아래 수를 올려서 나타내요.
67.63 ➡ 67.7

13 숙소 ➡ ______ m

14 식당 ➡ ______ m

15 주유소 ➡ ______ m

16 안내소 ➡ ______ m

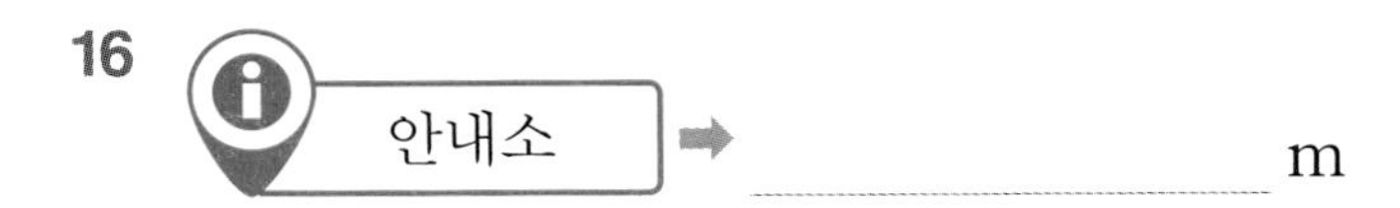

17 지하철역 ➡ ______ m

18 쇼핑몰 ➡ ______ m

03 자연수의 버림

32540을 버림하기

버림이란 구하려는 자리의 아래 수를 버려서 나타내는 방법입니다.

32540 → 버림하여 백의 자리까지 나타내기 → 32500 (백의 자리의 아래 수는 모두 0이 돼요.)

32540 → 버림하여 천의 자리까지 나타내기 → 32000 (천의 자리의 아래 수는 모두 0이 돼요.)

✲ 버림하여 주어진 자리까지 나타내어 ▢ 안에 써넣으시오.

1

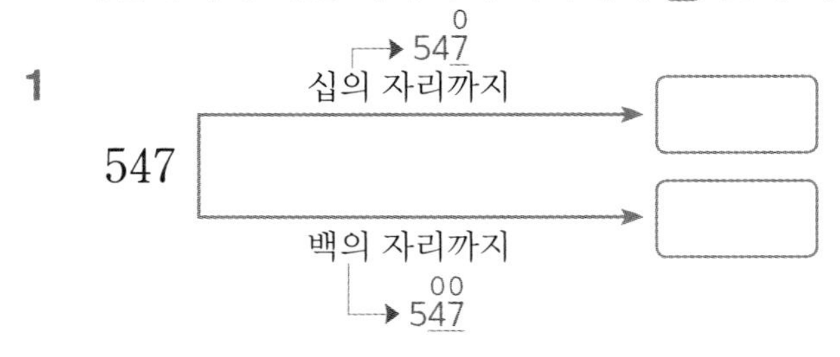

2

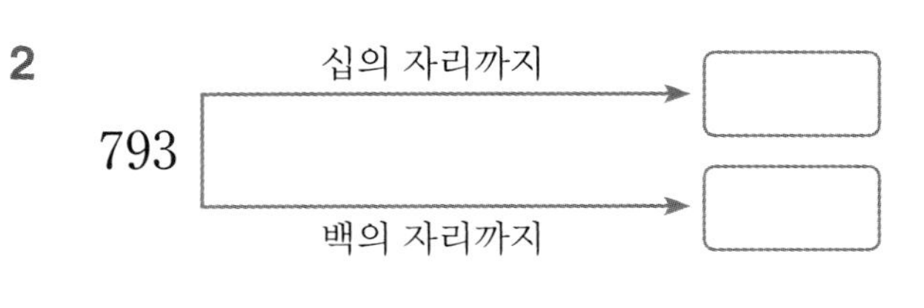

3

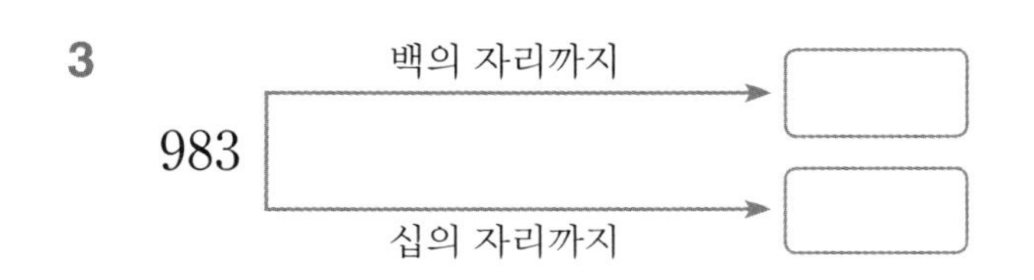

4

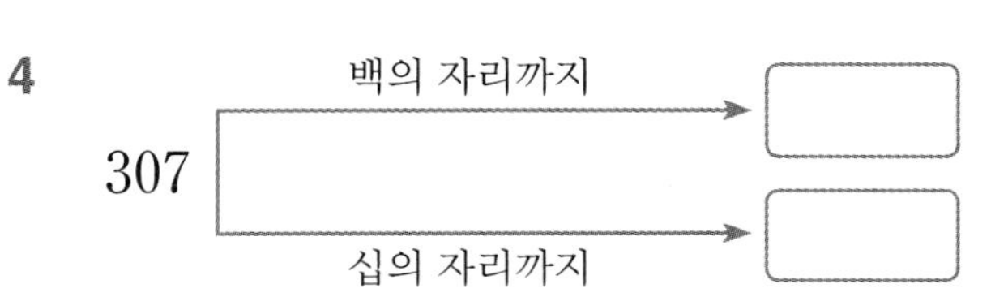

5

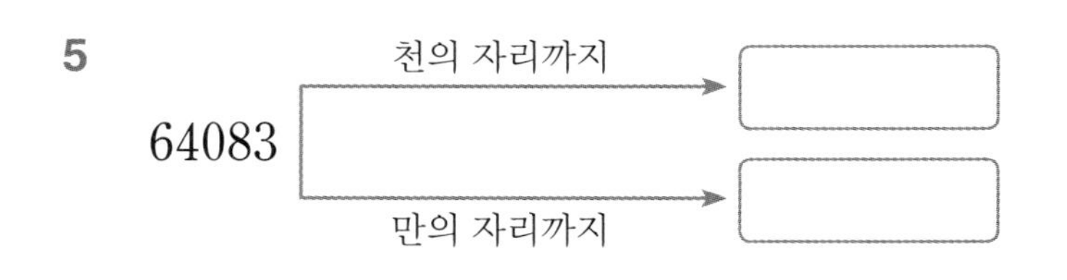

6

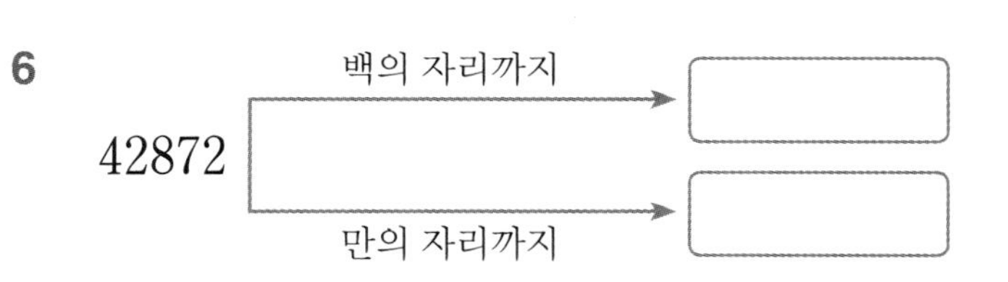

7

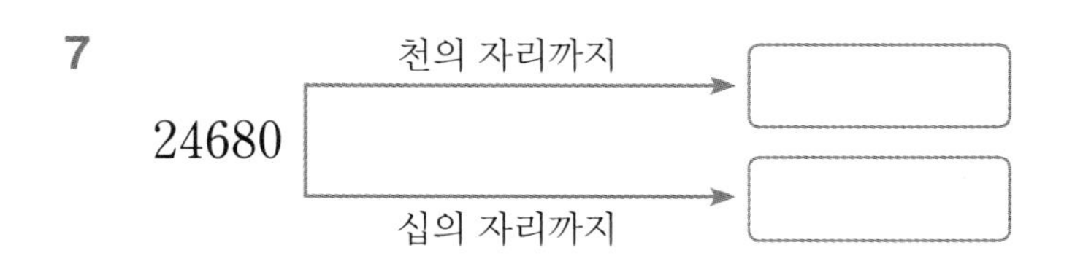

8

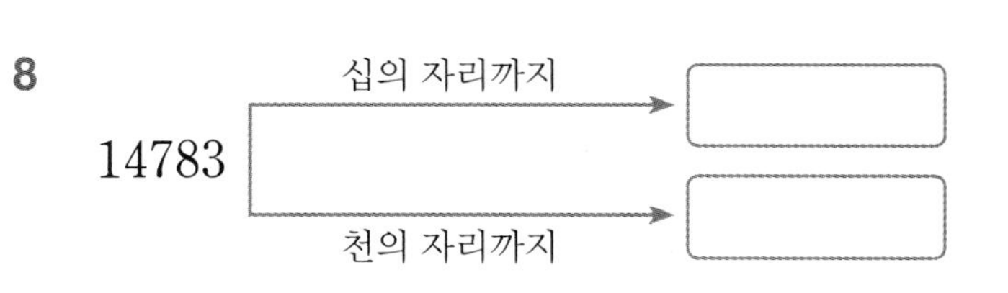

날짜 : 월 일
부모님 확인

✲ 과수원별로 수확한 사과의 개수입니다. 한 상자에 100개씩 담는다면 상자에 담을 수 있는 사과는 모두 몇 개인지 구하시오.

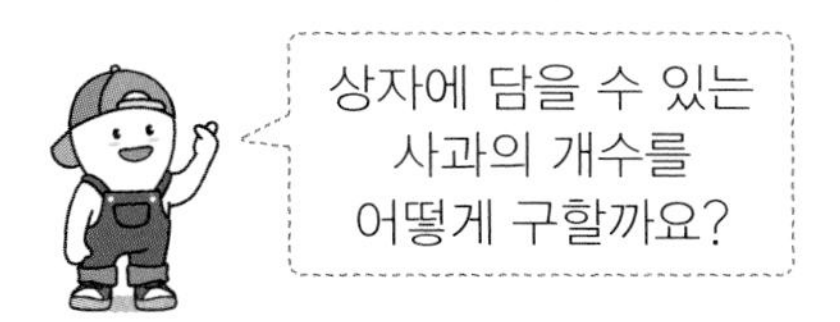

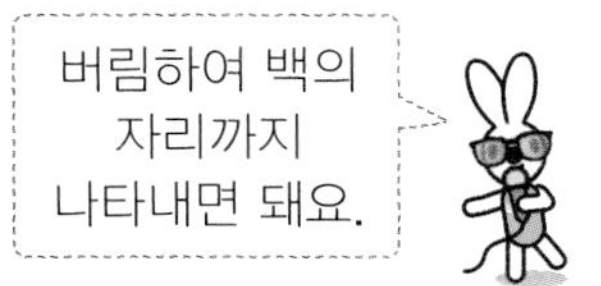

9

10

11

12

13

14

15

16

17

소수의 버림

123.45를 버림하기

버림하여 일의 자리까지 나타내기: 123.45 ➡ 123

(45 위에 0 0) → 일의 자리의 아래 수는 모두 0이 돼요.

버림하여 소수 첫째 자리까지 나타내기: 123.45 ➡ 123.4

(5 위에 0) → 소수 첫째 자리의 아래 수는 모두 0이 돼요.

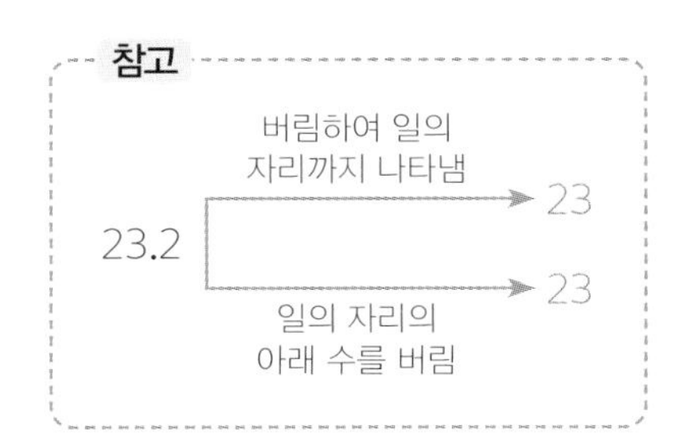

✲ **버림하여 소수 첫째 자리까지 나타내시오.**

1 39.58 ➡ ________

2 21.46 ➡ ________

3 17.85 ➡ ________

4 10.15 ➡ ________

5 78.34 ➡ ________

6 15.48 ➡ ________

✲ **버림하여 일의 자리까지 나타내시오.**

7 30.1 ➡ ________

8 54.8 ➡ ________

9 11.4 ➡ ________

10 86.6 ➡ ________

11 24.08 ➡ ________

12 67.35 ➡ ________

✲ 서울에서 각 도시까지의 거리를 버림하여 일의 자리까지 나타내시오.

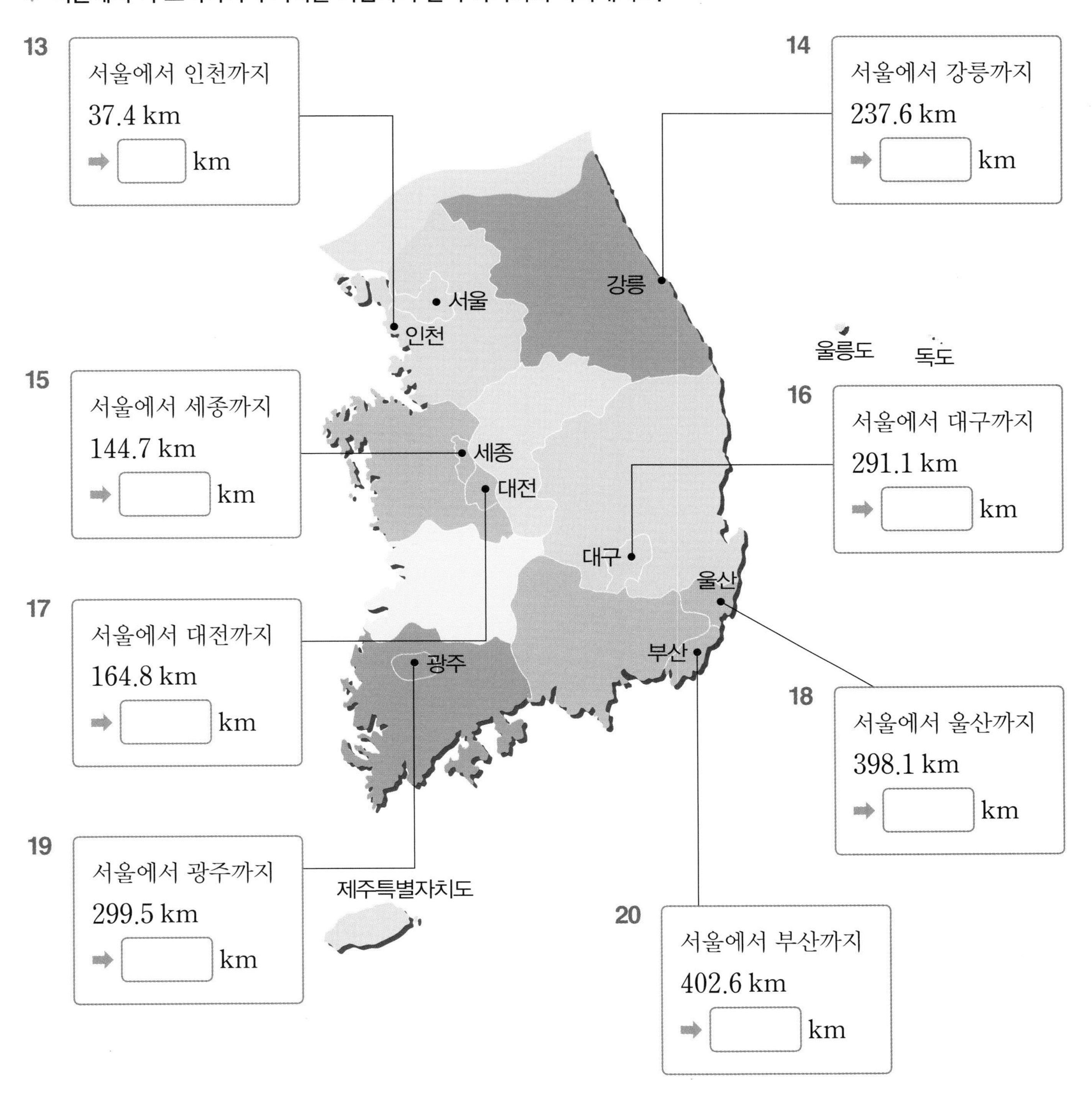

서울에서 각 도시까지의 거리가
300 km보다 먼 곳은 모두 몇 곳입니까?

05 자연수의 반올림

⊡ 2735를 반올림하기

반올림이란 구하려는 자리 바로 아래 자리의 숫자가 0, 1, 2, 3, 4이면 버리고, 5, 6, 7, 8, 9이면 올리는 방법입니다.

[반올림하여 십의 자리까지 나타내기]

2735 ➡ 2740

일의 자리 숫자가 5이므로 십의 자리로 1을 올려요.

[반올림하여 백의 자리까지 나타내기]

2735 ➡ 2700

십의 자리 숫자가 3이므로 백의 자리의 아래 수는 모두 0이 돼요.

✲ 반올림하여 주어진 자리까지 나타내시오.

1 1742

십의 자리까지 ➡ ______

백의 자리까지 ➡ ______

2 2548

십의 자리까지 ➡ ______

천의 자리까지 ➡ ______

3 17305

백의 자리까지 ➡ ______

십의 자리까지 ➡ ______

4 16179

천의 자리까지 ➡ ______

백의 자리까지 ➡ ______

5 215463

만의 자리까지 ➡ ______

천의 자리까지 ➡ ______

6 476952

만의 자리까지 ➡ ______

백의 자리까지 ➡ ______

날짜 : 월 일

부모님 확인

✲ 각 동영상의 좋아요(👍) 수를 반올림하여 주어진 자리까지 나타내시오.

7

👍 103435

백의 자리까지 ➡ ____________

8

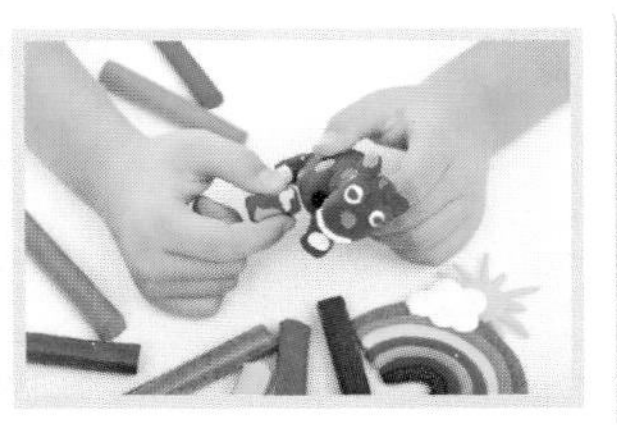

👍 245597

십의 자리까지 ➡ ____________

9

👍 308246

천의 자리까지 ➡ ____________

10

👍 294508

백의 자리까지 ➡ ____________

11

👍 293462

만의 자리까지 ➡ ____________

12

👍 308164

천의 자리까지 ➡ ____________

13

👍 320478

만의 자리까지 ➡ ____________

14

👍 339489

십의 자리까지 ➡ ____________

소수의 반올림

153.46을 반올림하기

반올림하여 일의 자리까지 나타내기: 153.46 ➡ 153

소수 첫째 자리 숫자가 4이므로 버려요.

반올림하여 소수 첫째 자리까지 나타내기: 153.46 ➡ 153.5

소수 둘째 자리 숫자가 6이므로 소수 첫째 자리로 1을 올려요.

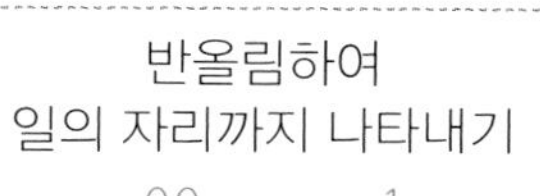

✲ **반올림하여 소수 첫째 자리까지 나타내시오.**

1 29.14 ➡ ______

5보다 작은 수예요.

2 74.16 ➡ ______

5보다 큰 수예요.

3 12.47 ➡ ______

4 41.05 ➡ ______

5 38.95 ➡ ______

6 16.43 ➡ ______

✲ **반올림하여 일의 자리까지 나타내시오.**

7 12.12 ➡ ______

5보다 작은 수예요.

8 54.71 ➡ ______

5보다 큰 수예요.

9 30.86 ➡ ______

10 63.34 ➡ ______

11 19.53 ➡ ______

12 15.93 ➡ ______

✲ 학생들의 키를 반올림하여 일의 자리까지 나타내시오.

13

주하네 모둠		
이름	키 (cm)	반올림한 키 (cm)
주하	138.9	
현석	135.4	
민정	138.5	
동우	140.2	
진호	139.3	
채영	142.6	

주하네 모둠에서
반올림하여 일의 자리까지 나타낸 키가
139 cm인 학생은 모두 ☐명입니다.

14

현수네 모둠		
이름	키 (cm)	반올림한 키 (cm)
현수	139.7	
은우	140.1	
리하	141.4	
재민	137.6	
혜유	136.3	
완준	142.8	

현수네 모둠에서
반올림하여 일의 자리까지 나타낸 키가
140 cm인 학생은 모두 ☐명입니다.

집중 연산 A

✲ 바르게 나타낸 수에 ○표 하시오.

1

250, 240, 253, 244

243을 올림하여
십의 자리까지 나타내기

2

3205, 3200, 3300, 3305

3245를 올림하여
백의 자리까지 나타내기

3

2004, 2000, 1004, 1000

1904를 올림하여
천의 자리까지 나타내기

4

34.8, 35, 35.9, 34.9

34.82를 올림하여 소수
첫째 자리까지 나타내기

5

10.51, 10.6, 10.52, 11.5

10.519를 올림하여 소수
둘째 자리까지 나타내기

6

5.83, 5.9, 5.8, 6.8

5.83을 올림하여 소수
첫째 자리까지 나타내기

7

529, 530, 509, 520

539를 버림하여
십의 자리까지 나타내기

8

3000, 5000, 4000, 4067

4767을 버림하여
천의 자리까지 나타내기

9

3450, 3452, 3400, 3500

3462를 버림하여
백의 자리까지 나타내기

10

26, 26.8, 27.8, 27

27.84를 버림하여
일의 자리까지 나타내기

11

19, 18, 20, 21

19.9를 버림하여
일의 자리까지 나타내기

12

63.7, 63.8, 63.9, 63

63.82를 버림하여 소수
첫째 자리까지 나타내기

날짜 : 월 일

부모님 확인

✲ 반올림하여 주어진 자리까지 나타내시오.

08 집중 연산 B

✲ 올림하여 백의 자리까지 나타내시오.

1 254 ➡ ______

2 6127 ➡ ______

3 19216 ➡ ______

4 55600 ➡ ______

✲ 올림하여 천의 자리까지 나타내시오.

5 3124 ➡ ______

6 2609 ➡ ______

7 50487 ➡ ______

8 79716 ➡ ______

✲ 버림하여 백의 자리까지 나타내시오.

9 184 ➡ ______

10 2500 ➡ ______

11 37507 ➡ ______

12 88890 ➡ ______

✲ 버림하여 천의 자리까지 나타내시오.

13 2639 ➡ ______

14 7987 ➡ ______

15 16503 ➡ ______

16 76149 ➡ ______

날짜 : 월 일

부모님 확인

✲ 반올림하여 ( ) 안의 자리까지 나타내시오.

17 386 (십의 자리) ➡ ______

18 2185 (십의 자리) ➡ ______

19 9452 (백의 자리) ➡ ______

20 45313 (백의 자리) ➡ ______

21 48790 (천의 자리) ➡ ______

22 19865 (천의 자리) ➡ ______

23 9.3 (일의 자리) ➡ ______

24 1.8 (일의 자리) ➡ ______

25 5.23 (소수 첫째 자리) ➡ ______

26 7.16 (소수 첫째 자리) ➡ ______

27 253 (백의 자리) ➡ ______

28 1187 (백의 자리) ➡ ______

29 3299 (천의 자리) ➡ ______

30 25629 (천의 자리) ➡ ______

31 46907 (만의 자리) ➡ ______

32 629350 (만의 자리) ➡ ______

33 4.72 (소수 첫째 자리) ➡ ______

34 2.28 (소수 첫째 자리) ➡ ______

3 분수의 곱셈

이번에도
0점이겠구나.
하·하·하

누굴 닮아서 저렇게
엉뚱한 걸까?
움찟

나 박사야!
왜 이래~.
박사지만 엉뚱하긴
하죠~.

박사는
박사야!
전 박사님
아들이에요!

일단 악당부터 잡고
이야기해요~.
휴
우~

엄마! 여기는 미로처럼
복잡해요.

맞아, 그러니까 주변을 좀 더
경계할 필요가 있겠……
우웅

드디어 온 건가!
스모그!

엄마~ 여기도 뭐가
다가와요!

네 곳에서
한꺼번에 몰려
오고 있어!
오! 그런
작전을~.

네 곳이라면 모두
나누어서 공격한다!
나도?

당신은 이거 줄게!
늑

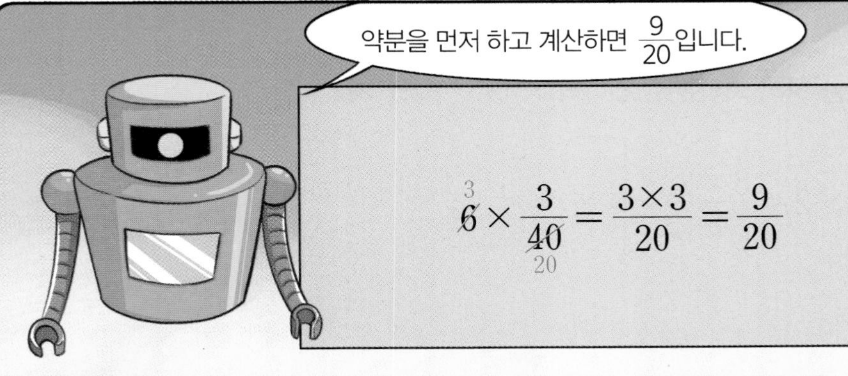

학습 내용

- (진분수)×(자연수), (대분수)×(자연수)
- (자연수)×(진분수), (자연수)×(대분수)
- (단위분수)×(단위분수), (진분수)×(진분수)
- (대분수)×(진분수), (대분수)×(대분수)
- 세 분수의 곱셈

$\left(\text{진분수}\right)\times\left(\text{자연수}\right)$

■ $\dfrac{3}{4}\times 6$의 계산

$$\frac{3}{\not{4}_{\,2}}\times\not{6}^{\,3}=\frac{3\times3}{2}=\frac{9}{2}=4\frac{1}{2}$$

가분수는 대분수로 나타내요.

분자에 자연수를 곱한 다음
약분할 수도 있어요.

$$\frac{3}{4}\times 6=\frac{3\times6}{4}=\frac{\not{18}^{\,9}}{\not{4}_{\,2}}=\frac{9}{2}=4\frac{1}{2}$$

✲ 계산을 하여 기약분수로 나타내시오.

1 $\dfrac{3}{5}\times 2=\dfrac{3\times 2}{5}=\dfrac{\square}{5}=\square$

2 $\dfrac{5}{\not{8}_{\,2}}\times\not{4}^{\,1}=\dfrac{5\times 1}{2}=\dfrac{\square}{2}=\square$

3 $\dfrac{7}{\not{15}_{\,5}}\times\not{9}^{\,3}=\dfrac{7\times 3}{5}=\dfrac{\square}{5}=\square$

4 $\dfrac{5}{9}\times 6=\dfrac{5\times 6}{9}=\dfrac{\not{30}^{\,\square}}{\not{9}_{\,3}}=\dfrac{\square}{3}=\square$

5 $\dfrac{5}{6}\times 8$

6 $\dfrac{7}{8}\times 5$

7 $\dfrac{7}{10}\times 4$

8 $\dfrac{7}{15}\times 10$

9 $\dfrac{5}{12}\times 6$

10 $\dfrac{11}{21}\times 9$

✲ 각 컵의 들이는 다음과 같습니다. 컵에 물을 가득 채워 주어진 횟수만큼 수조에 부었을 때 물의 양을 기약분수로 나타내시오.

→ ($\frac{5}{8}$ L씩 12번) $= \frac{5}{8} \times 12$

11

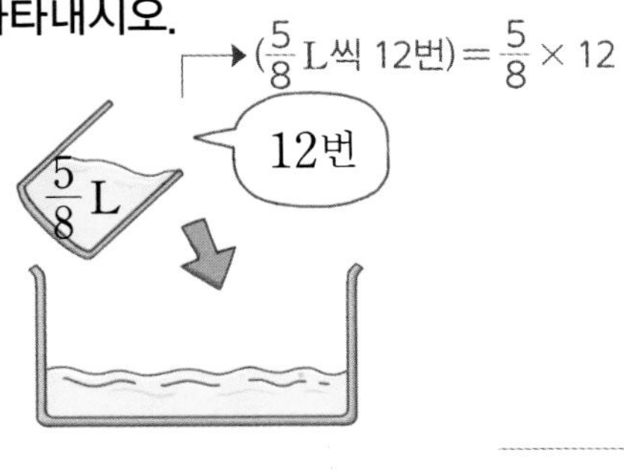

________ L

12

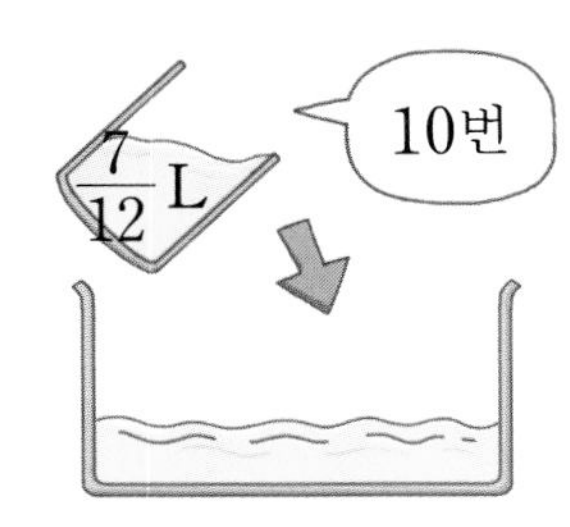

________ L

13

________ L

14

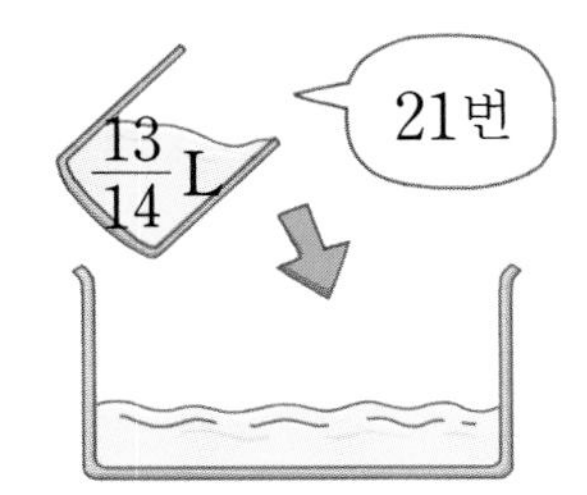

________ L

15

________ L

16

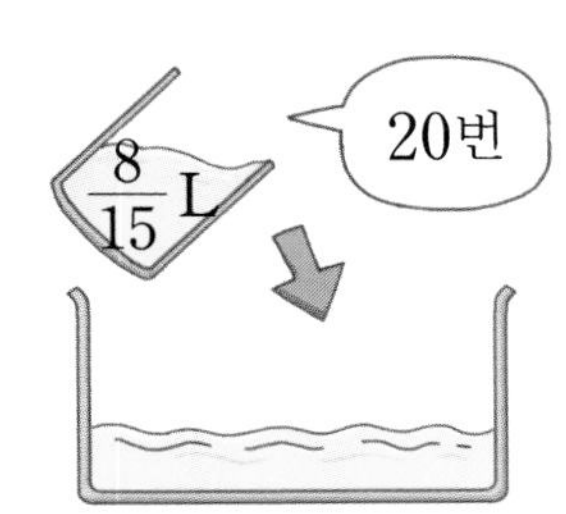

________ L

17

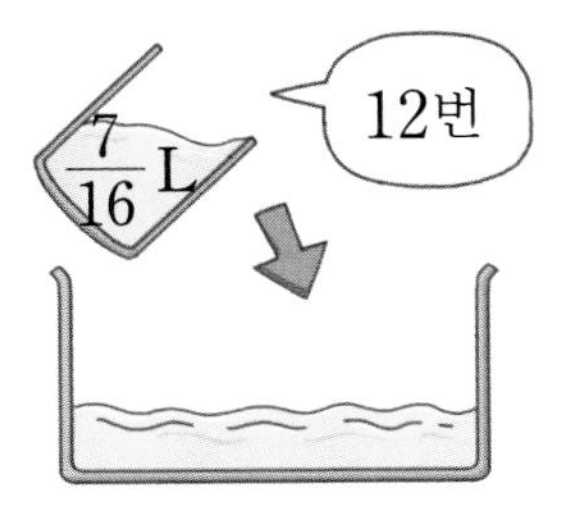

________ L

18

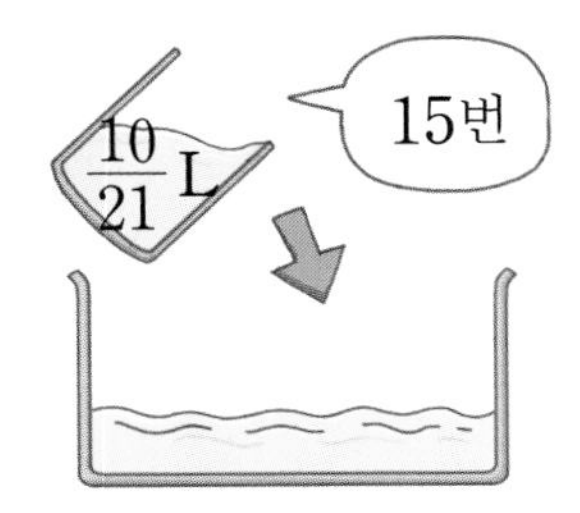

________ L

(대분수) × (자연수)

$1\frac{3}{8}\times 6$의 계산

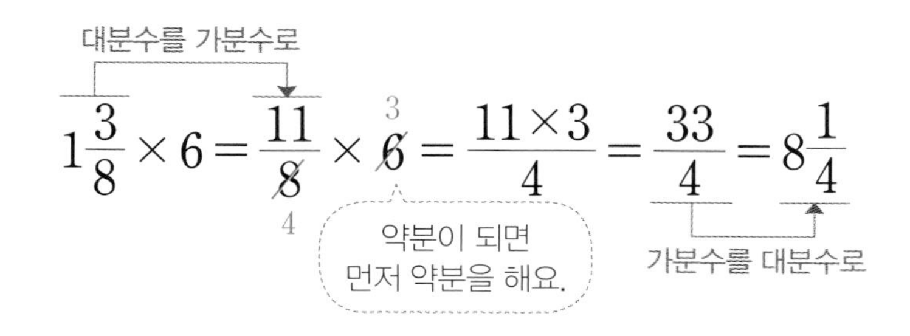

계산을 하여 기약분수로 나타내시오.

1 $1\frac{1}{6}\times 4=\frac{7}{6}\times 4=\frac{7\times 2}{3}=\frac{\square}{3}=\square$

2 $1\frac{1}{2}\times 3=(1\times 3)+\left(\frac{1}{2}\times\square\right)=3+\frac{\square}{2}=3+\square\frac{\square}{2}=\square\frac{\square}{2}$

$1\frac{1}{2}=1+\frac{1}{2}$이므로 1과 $\frac{1}{2}$에 각각 3배씩 해요.

3 $2\frac{1}{5}\times 4$

4 $1\frac{5}{8}\times 3$

5 $2\frac{1}{6}\times 4$

6 $1\frac{7}{10}\times 5$

7 $2\frac{2}{9}\times 6$

8 $1\frac{4}{21}\times 7$

날짜 : 월 일
부모님 확인

✲ 다음 교통수단이 1분 동안 갈 수 있는 거리를 나타낸 것입니다. 교통수단이 주어진 시간 동안 갈 수 있는 거리를 기약분수로 나타내시오.

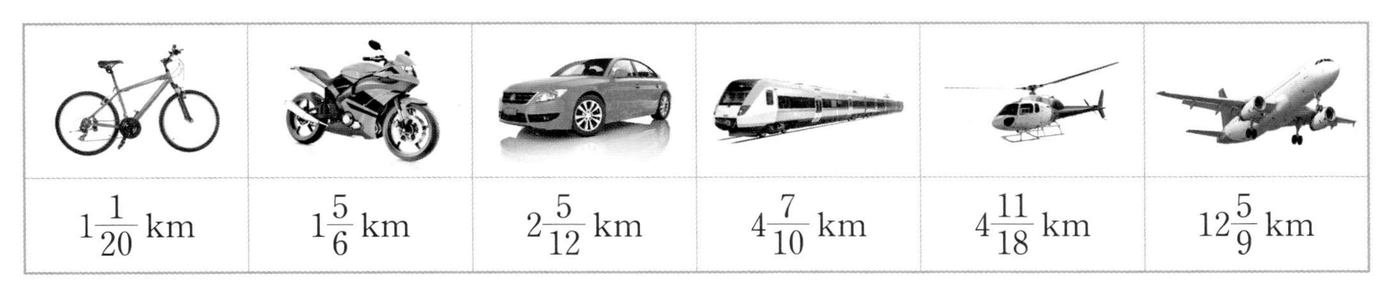

$1\frac{1}{20}$ km	$1\frac{5}{6}$ km	$2\frac{5}{12}$ km	$4\frac{7}{10}$ km	$4\frac{11}{18}$ km	$12\frac{5}{9}$ km

9  15분

______ km

10  20분

______ km

11  25분

______ km

12  36분

______ km

13  16분

______ km

14  12분

______ km

15  27분

______ km

16  18분

______ km

(자연수) × (진분수)

$4 \times \frac{5}{6}$의 계산

$$4 \times \frac{5}{6} = \frac{4 \times 5}{6} = \frac{\overset{10}{\cancel{20}}}{\underset{3}{\cancel{6}}} = \frac{10}{3} = 3\frac{1}{3}$$

$$\overset{2}{\cancel{4}} \times \frac{5}{\underset{3}{\cancel{6}}} = \frac{2 \times 5}{3} = \frac{10}{3} = 3\frac{1}{3}$$

가분수를 대분수로

✲ 계산을 하여 기약분수로 나타내시오.

1 $10 \times \frac{5}{8} = \frac{10 \times 5}{8} = \frac{\overset{\square}{\cancel{50}}}{\underset{4}{\cancel{8}}} = \frac{\square}{4} = \square\frac{\square}{4}$

2 $\overset{4}{\cancel{8}} \times \frac{5}{\underset{3}{\cancel{6}}} = \frac{4 \times 5}{3} = \frac{\square}{3} = \square$

3 $7 \times \frac{3}{5}$

4 $8 \times \frac{7}{20}$

5 $36 \times \frac{7}{12}$

6 $10 \times \frac{8}{15}$

7 $14 \times \frac{7}{10}$

8 $14 \times \frac{10}{21}$

✲ 계산을 하여 기약분수로 나타내시오.

9 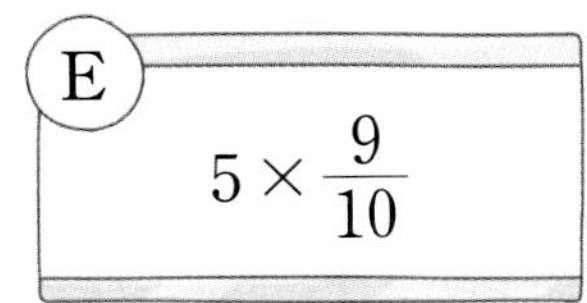
(E) $5 \times \frac{9}{10}$

10 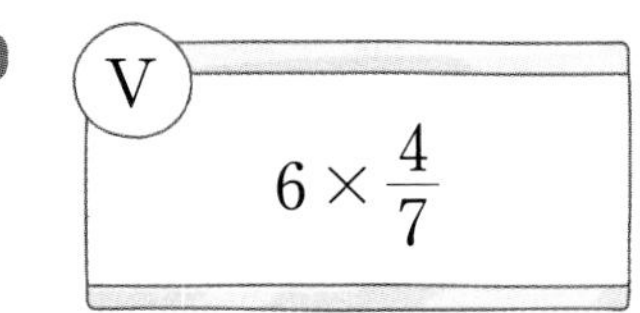
(V) $6 \times \frac{4}{7}$

11 (R) $10 \times \frac{5}{6}$

12 (M) $6 \times \frac{7}{9}$

13 (O) $8 \times \frac{5}{14}$

14 (E) $10 \times \frac{11}{15}$

15 (N) $9 \times \frac{8}{27}$

16 (B) $24 \times \frac{7}{40}$

오른쪽 달력은 몇 월 달력일까요?
계산 결과에 맞는 알파벳을 써 보세요.

$2\frac{2}{3}$	$2\frac{6}{7}$	$3\frac{3}{7}$	$4\frac{1}{2}$	$4\frac{2}{3}$	$4\frac{1}{5}$	$7\frac{1}{3}$	$8\frac{1}{3}$

☐ 월

일	월	화	수	목	금	토
		1	2	3	4	5
6	7	8	9	10	11	12
13	14	15	16	17	18	19
20	21	22	23	24	25	26
27	28	29	30			

(자연수)×(대분수)

⊡ $4\times1\frac{5}{6}$의 계산

대분수를 가분수로

$$4\times1\frac{5}{6}=\overset{2}{\cancel{4}}\times\frac{11}{\underset{3}{\cancel{6}}}=\frac{2\times11}{3}=\frac{22}{3}=7\frac{1}{3}$$

가분수를 대분수로

약분이 되면 먼저 약분을 해요.

✲ 계산을 하여 기약분수로 나타내시오.

1 $9\times2\frac{2}{3}=\overset{3}{\cancel{9}}\times\frac{8}{\underset{1}{\cancel{3}}}=\square\times8=\square$

2 $3\times1\frac{3}{5}=(3\times1)+\left(\square\times\frac{3}{5}\right)=3+\frac{\square}{5}=3+\square\frac{\square}{5}=\square\frac{\square}{5}$

3 $6\times2\frac{4}{9}$

4 $12\times1\frac{7}{8}$

5 $10\times2\frac{1}{6}$

6 $20\times1\frac{1}{12}$

7 $4\times2\frac{1}{16}$

8 $15\times1\frac{1}{21}$

날짜 : 월 일
부모님 확인

✲ 계산을 하여 기약분수로 나타내시오.

9 $6\times1\frac{7}{15}$ 에

10 $12\times1\frac{5}{9}$ 는

11 $10\times1\frac{3}{8}$ 두

12 $15\times1\frac{1}{12}$ 보

13 $8\times1\frac{7}{10}$ 고

14 $3\times2\frac{1}{12}$ 눈

15 $9\times1\frac{5}{6}$ 못

16 $14\times1\frac{2}{21}$ 도

17 $24\times1\frac{3}{16}$ 것

18 $5\times1\frac{3}{7}$ 앞

계산 결과에 해당하는 글자를 써 보세요.
이 수수께끼의 답은 무엇일까요?

수수께끼

$6\frac{1}{4}$	$7\frac{1}{7}$	$8\frac{4}{5}$	$13\frac{3}{4}$	$13\frac{3}{5}$	$15\frac{1}{3}$	$16\frac{1}{2}$	$16\frac{1}{4}$	$18\frac{2}{3}$	$28\frac{1}{2}$

?

(단위분수)×(단위분수)

$\frac{1}{3}\times\frac{1}{4}$의 계산

분자는 항상 1이에요.

$$\frac{1}{3}\times\frac{1}{4}=\frac{1}{3\times4}=\frac{1}{12}$$

분모끼리 곱해요.

단위분수끼리의 곱에서 분자는 항상 1이에요.

계산을 하여 기약분수로 나타내시오.

1 $\frac{1}{2}\times\frac{1}{5}=\frac{1}{2\times5}=\frac{1}{\square}$

2 $\frac{1}{3}\times\frac{1}{7}=\frac{1}{3\times7}=\frac{1}{\square}$

3 $\frac{1}{4}\times\frac{1}{6}=\frac{1}{4\times\square}=\frac{1}{\square}$

4 $\frac{1}{8}\times\frac{1}{2}=\frac{1}{\square\times2}=\frac{1}{\square}$

5 $\frac{1}{6}\times\frac{1}{3}$

6 $\frac{1}{4}\times\frac{1}{4}$

7 $\frac{1}{7}\times\frac{1}{5}$

8 $\frac{1}{9}\times\frac{1}{4}$

9 $\frac{1}{8}\times\frac{1}{6}$

10 $\frac{1}{7}\times\frac{1}{9}$

날짜 : 월 일

부모님 확인

✲ 계산 결과가 더 작은 식에 연결된 글자에 ◯표 하시오.

11

12

13

14

15

16

오른쪽 건축물의 이름은 무엇일까요?
번호 순서대로 ◯표 한 글자를 써 보세요.

(진분수)×(진분수)

◉ $\frac{4}{9}\times\frac{5}{6}$의 계산

분모는 분모끼리,
분자는 분자끼리 곱해요.

$$\frac{4}{9}\times\frac{5}{6}=\frac{\overset{2}{\cancel{4}}\times5}{9\times\underset{3}{\cancel{6}}}=\frac{10}{27}$$

약분이 되면 먼저
약분을 해요.

$$\frac{\overset{2}{\cancel{4}}}{9}\times\frac{5}{\underset{3}{\cancel{6}}}=\frac{2\times5}{9\times3}=\frac{10}{27}$$

✲ 계산을 하여 기약분수로 나타내시오.

1 $\frac{2}{3}\times\frac{4}{7}=\frac{2\times4}{3\times7}=\frac{\square}{\square}$

2 $\frac{3}{\underset{2}{\cancel{8}}}\times\frac{\overset{1}{\cancel{4}}}{5}=\frac{3\times\square}{2\times5}=\frac{\square}{\square}$

3 $\frac{5}{6}\times\frac{5}{7}$

4 $\frac{3}{7}\times\frac{4}{9}$

5 $\frac{5}{9}\times\frac{3}{8}$

6 $\frac{10}{13}\times\frac{3}{5}$

7 $\frac{5}{12}\times\frac{8}{15}$

8 $\frac{15}{16}\times\frac{8}{27}$

9 $\frac{7}{12}\times\frac{4}{21}$

10 $\frac{17}{24}\times\frac{16}{21}$

✲ 두 수의 곱을 기약분수로 나타내시오.

11 

➡ ____________

12 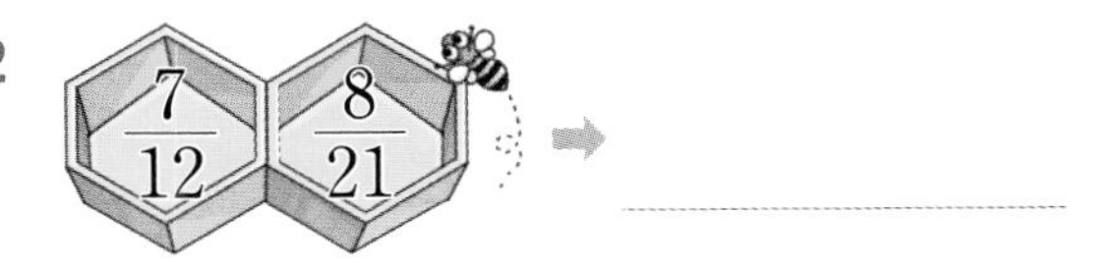

➡ ____________

13 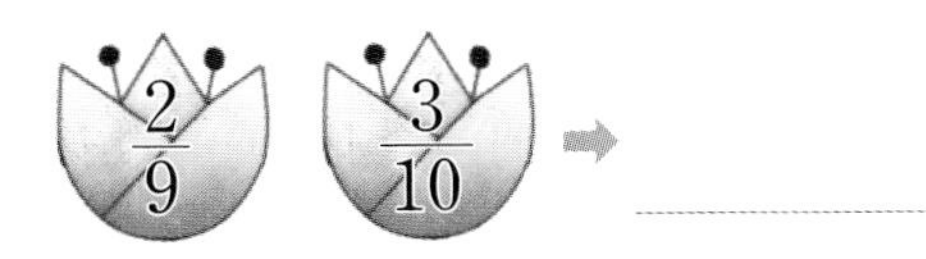

➡ ____________

14 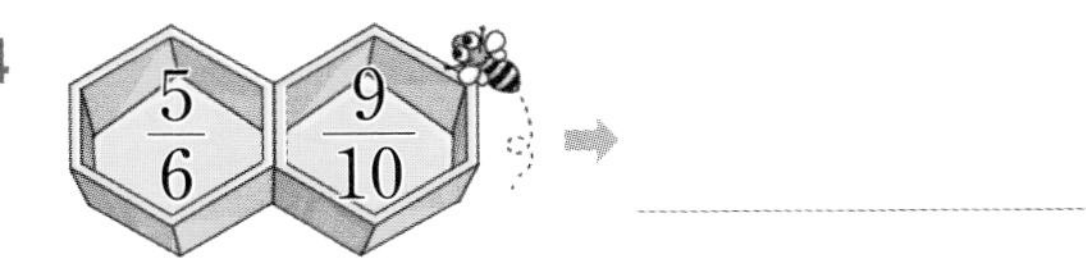

➡ ____________

15 

➡ ____________

16 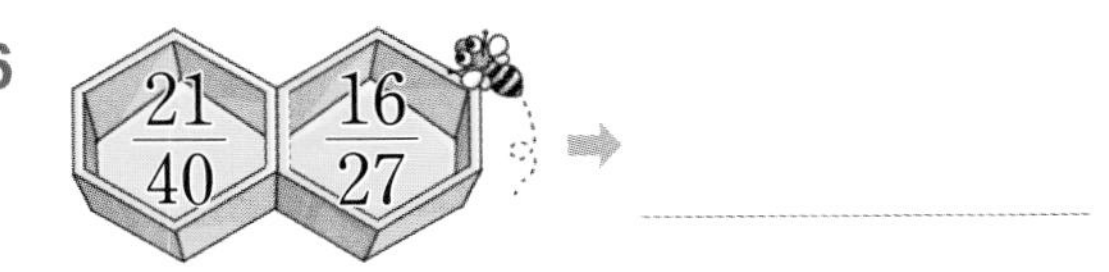

➡ ____________

17 

➡ ____________

18 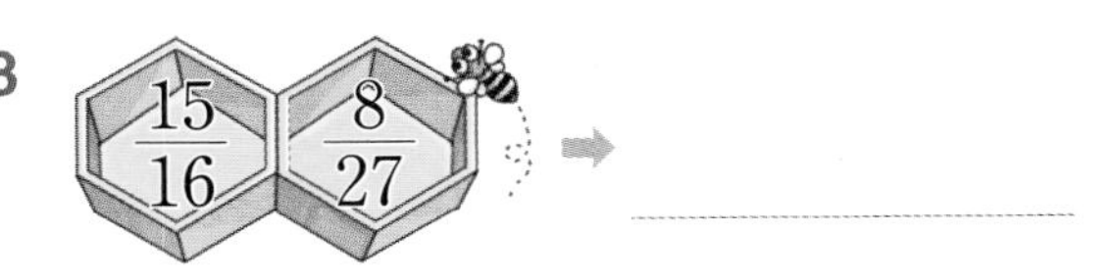

➡ ____________

19 

➡ ____________

20 

➡ ____________

계산 결과를 찾아 색칠해 보세요.
색칠한 부분은 어떤 글자가 될까요?

$\frac{1}{3}$	$\frac{3}{4}$	$\frac{1}{5}$	$\frac{3}{7}$	$\frac{1}{8}$
$\frac{3}{8}$	$\frac{2}{9}$	$\frac{1}{10}$	$\frac{1}{15}$	$\frac{7}{15}$
$\frac{11}{15}$	$\frac{1}{16}$	$\frac{7}{20}$	$\frac{7}{16}$	$\frac{1}{20}$
$\frac{5}{18}$	$\frac{9}{22}$	$\frac{14}{27}$	$\frac{11}{40}$	$\frac{14}{45}$

(대분수)×(진분수)

$2\frac{1}{2}\times\frac{3}{5}$의 계산

대분수의 곱셈은 먼저 대분수를 가분수로 나타내야 해요.

$$2\frac{1}{2}\times\frac{3}{5}=\frac{\overset{1}{\cancel{5}}}{2}\times\frac{3}{\underset{1}{\cancel{5}}}=\frac{1\times3}{2\times1}=\frac{3}{2}=1\frac{1}{2}$$

대분수를 가분수로 / 가분수를 대분수로

계산을 하여 기약분수로 나타내시오.

1 $3\frac{1}{4}\times\frac{8}{9}=\frac{\square}{\underset{1}{\cancel{4}}}\times\frac{\overset{2}{\cancel{8}}}{9}=\frac{\square\times2}{1\times9}=\frac{\square}{9}=\square$

2 $\frac{7}{9}\times2\frac{2}{5}=\frac{7}{\underset{3}{\cancel{9}}}\times\frac{\overset{\square}{\cancel{12}}}{5}=\frac{7\times\square}{3\times5}=\frac{\square}{15}=\square$

3 $2\frac{1}{2}\times\frac{5}{9}$

4 $\frac{5}{6}\times1\frac{2}{7}$

5 $1\frac{5}{11}\times\frac{3}{4}$

6 $\frac{7}{11}\times2\frac{4}{9}$

7 $2\frac{1}{10}\times\frac{4}{9}$

8 $\frac{7}{12}\times2\frac{1}{7}$

날짜 : 월 일

부모님 확인

✲ 계산을 하여 기약분수로 나타내시오.

9 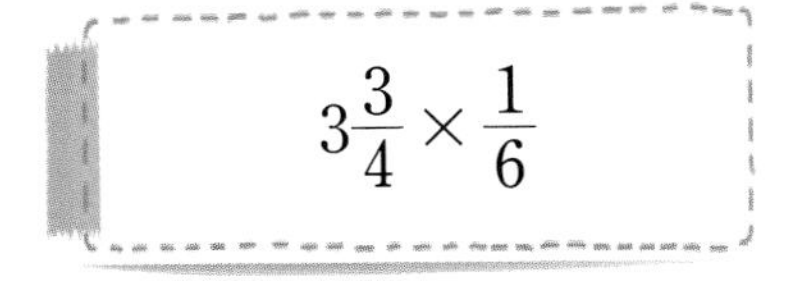

$3\frac{3}{4} \times \frac{1}{6}$

10 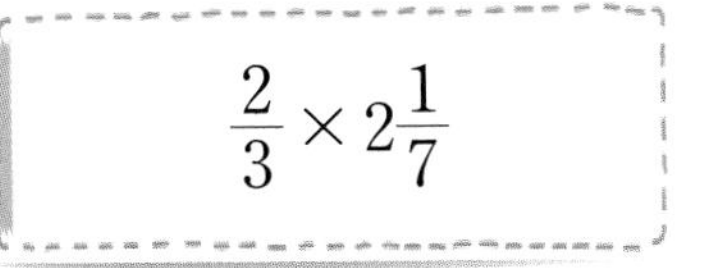

$\frac{2}{3} \times 2\frac{1}{7}$

11 $1\frac{1}{8} \times \frac{7}{9}$

12 $2\frac{3}{11} \times \frac{3}{5}$

13 $\frac{3}{10} \times 3\frac{3}{4}$

14 $\frac{3}{8} \times 2\frac{2}{5}$

15 $\frac{8}{15} \times 4\frac{1}{2}$

16 $3\frac{3}{8} \times \frac{5}{9}$

17 $8\frac{1}{4} \times \frac{2}{11}$

18 $2\frac{2}{7} \times \frac{9}{10}$

19 $6\frac{1}{20} \times \frac{10}{11}$

20 $1\frac{3}{4} \times \frac{6}{7}$

(대분수)×(대분수)

$2\frac{1}{2}\times1\frac{1}{3}$의 계산

대분수를 가분수로 나타낸 다음 약분하여 계산해요.

$$2\frac{1}{2}\times1\frac{1}{3}=\frac{5}{\cancel{2}_1}\times\frac{\cancel{4}^2}{3}=\frac{5\times2}{1\times3}=\frac{10}{3}=3\frac{1}{3}$$

대분수를 가분수로

가분수를 대분수로

※ 계산을 하여 기약분수로 나타내시오.

1 $1\frac{1}{8}\times2\frac{1}{3}=\frac{\cancel{9}^3}{8}\times\frac{7}{\cancel{3}_1}=\frac{\square\times7}{8\times1}=\frac{\square}{8}=\square$

2 $2\frac{7}{9}\times1\frac{2}{5}=\frac{\cancel{25}^{\square}}{9}\times\frac{\square}{\cancel{5}_1}=\frac{\square\times\square}{9\times1}=\frac{\square}{9}=\square$

3 $1\frac{3}{10}\times2\frac{1}{2}$

4 $2\frac{1}{4}\times4\frac{2}{3}$

5 $3\frac{3}{8}\times1\frac{1}{9}$

6 $1\frac{7}{11}\times2\frac{1}{6}$

7 $2\frac{1}{7}\times4\frac{2}{3}$

8 $4\frac{3}{8}\times1\frac{1}{15}$

✲ 계산을 하여 기약분수로 나타내시오.

9 선

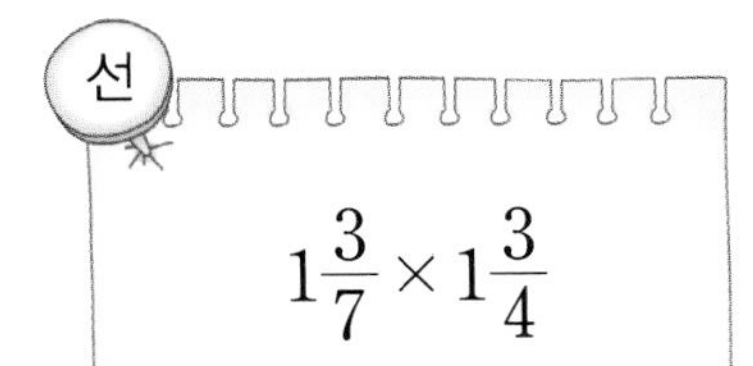

$1\frac{3}{7} \times 1\frac{3}{4}$

10 곳

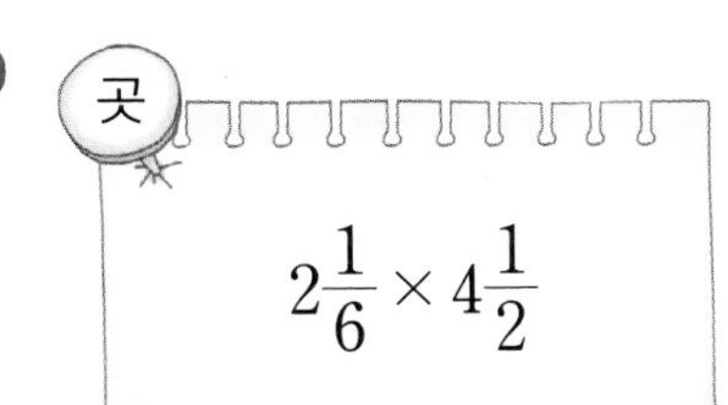

$2\frac{1}{6} \times 4\frac{1}{2}$

11 대

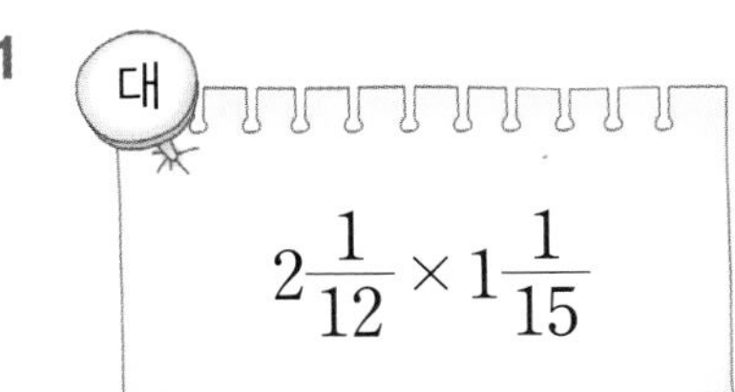

$2\frac{1}{12} \times 1\frac{1}{15}$

12 이

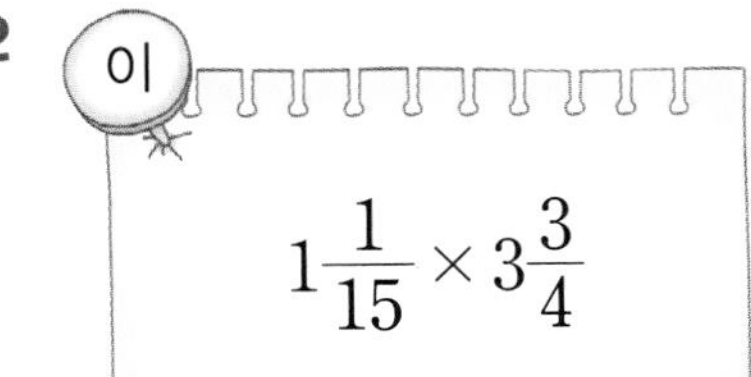

$1\frac{1}{15} \times 3\frac{3}{4}$

13 던

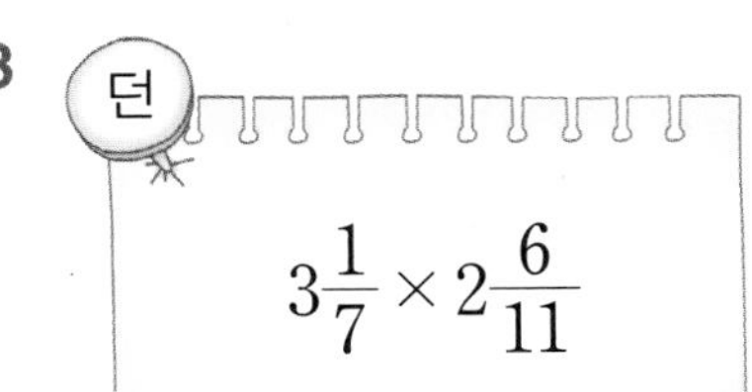

$3\frac{1}{7} \times 2\frac{6}{11}$

14 왕

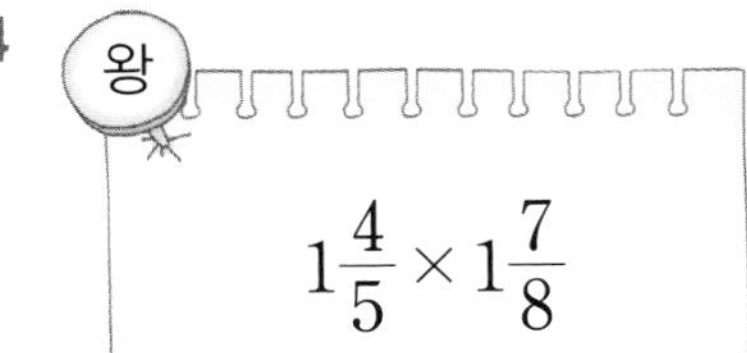

$1\frac{4}{5} \times 1\frac{7}{8}$

15 시

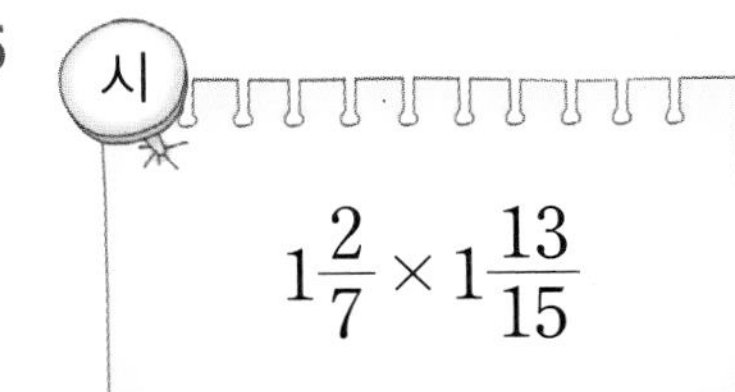

$1\frac{2}{7} \times 1\frac{13}{15}$

16 살

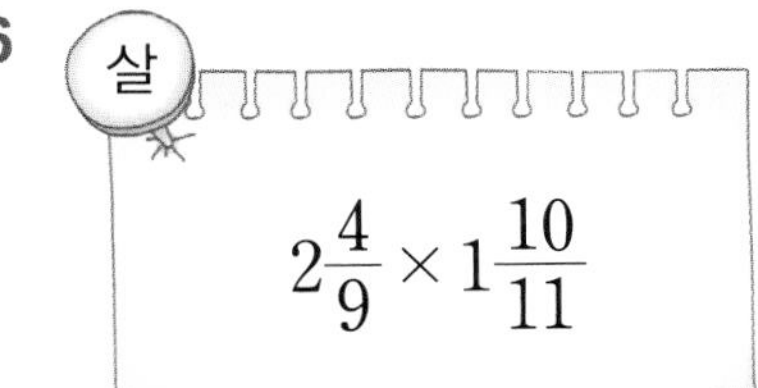

$2\frac{4}{9} \times 1\frac{10}{11}$

17 조

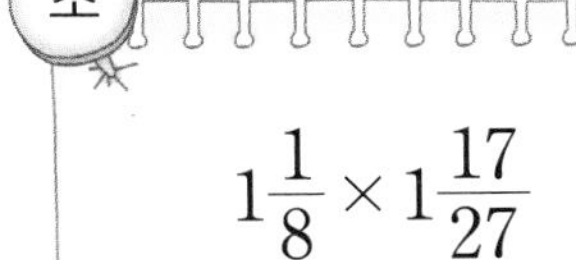

$1\frac{1}{8} \times 1\frac{17}{27}$

계산 결과에 맞는 글자를 빈 곳에 쓰고
설명에 맞는 장소를 찾아 ○표 하세요.

$1\frac{5}{6}$	$2\frac{1}{2}$	$2\frac{2}{5}$	$2\frac{2}{9}$	$3\frac{3}{8}$	4	$4\frac{2}{3}$	8	$9\frac{3}{4}$

?

석굴암

경복궁

해인사

세 분수의 곱셈 (1)

$\frac{2}{3}\times\frac{1}{4}\times\frac{9}{10}$의 계산

세 분수를 한꺼번에 분자는 분자끼리, 분모는 분모끼리 곱해요.

$$\frac{2}{3}\times\frac{1}{4}\times\frac{9}{10}=\frac{\overset{1}{\cancel{2}}\times1\times\overset{3}{\cancel{9}}}{\underset{1}{\cancel{3}}\times\underset{2}{\cancel{4}}\times10}=\frac{3}{20}$$

분자끼리, 분모끼리 곱하기 전에 먼저 약분하여 계산해요.

$$\frac{\overset{1}{\cancel{2}}}{\underset{1}{\cancel{3}}}\times\frac{1}{\underset{2}{\cancel{4}}}\times\frac{\overset{3}{\cancel{9}}}{10}=\frac{1\times1\times3}{1\times2\times10}=\frac{3}{20}$$

※ 계산을 하여 기약분수로 나타내시오.

1 $\frac{3}{4}\times\frac{2}{5}\times\frac{5}{7}=\frac{3\times\overset{1}{\cancel{2}}\times\overset{1}{\cancel{5}}}{\underset{2}{\cancel{4}}\times\underset{1}{\cancel{5}}\times7}=\frac{\square}{14}$

2 $\frac{\overset{\square}{\cancel{4}}}{5}\times\frac{3}{7}\times\frac{3}{\underset{\square}{\cancel{8}}}=\frac{\square\times3\times3}{5\times7\times\square}=\frac{\square}{70}$

3 $\frac{3}{10}\times\frac{1}{2}\times\frac{5}{6}$

4 $\frac{5}{6}\times\frac{5}{8}\times\frac{4}{15}$

5 $\frac{5}{7}\times\frac{4}{9}\times\frac{14}{15}$

6 $\frac{7}{11}\times\frac{4}{9}\times\frac{11}{12}$

7 $\frac{2}{9}\times\frac{4}{5}\times\frac{3}{14}$

8 $\frac{3}{8}\times\frac{4}{15}\times\frac{9}{10}$

✲ 계산을 하여 기약분수로 나타내시오.

9 $\frac{2}{3} \times \frac{3}{7} \times \frac{5}{6}$

10 $\frac{2}{9} \times \frac{5}{8} \times \frac{9}{10}$

11 $\frac{4}{5} \times \frac{7}{9} \times \frac{3}{8}$

12 $\frac{8}{9} \times \frac{5}{12} \times \frac{1}{6}$

13 $\frac{1}{6} \times \frac{10}{11} \times \frac{3}{5}$

14 $\frac{2}{7} \times \frac{3}{8} \times \frac{7}{9}$

15 $\frac{7}{10} \times \frac{5}{9} \times \frac{4}{21}$

16 $\frac{7}{12} \times \frac{3}{10} \times \frac{5}{14}$

계산 결과를 ×표 하고 남은 글자를 차례로 써 보세요.
그리스 신화에 나오는 이 신의 이름은 무엇일까요?

제 $\frac{1}{8}$	아 $\frac{1}{11}$	나 $\frac{1}{12}$	포 $\frac{2}{15}$
라 $\frac{1}{16}$	세 $\frac{3}{20}$	헤 $\frac{5}{21}$	이 $\frac{3}{25}$
우 $\frac{2}{27}$	스 $\frac{7}{30}$	돈 $\frac{7}{60}$	테 $\frac{5}{81}$

세 분수의 곱셈 (2)

$\frac{3}{8}\times3\frac{4}{7}\times\frac{4}{5}$의 계산

대분수가 있으면 가분수로 나타내고 약분이 되면 약분해서 계산해요.

$$\frac{3}{8}\times3\frac{4}{7}\times\frac{4}{5}=\frac{3}{\overset{}{\cancel{8}}_{2}}\times\frac{\overset{5}{\cancel{25}}}{7}\times\frac{\overset{1}{\cancel{4}}}{\cancel{5}_{1}}=\frac{15}{14}=1\frac{1}{14}$$

대분수가 있을 때에는 항상 대분수를 먼저 가분수로 나타낸 다음 계산해요.

✲ 계산을 하여 기약분수로 나타내시오.

1 $\frac{3}{8}\times1\frac{4}{5}\times\frac{5}{6}=\frac{\overset{1}{\cancel{3}}}{8}\times\frac{\square}{\cancel{5}_{1}}\times\frac{\overset{1}{\cancel{5}}}{\cancel{6}_{2}}=\frac{\square}{16}$

2 $\frac{5}{9}\times2\frac{1}{3}\times\frac{3}{10}=\frac{\overset{1}{\cancel{5}}}{\cancel{9}_{3}}\times\frac{\square}{3}\times\frac{\overset{1}{\cancel{3}}}{\cancel{10}_{2}}=\square$

3 $\frac{7}{12}\times\frac{8}{9}\times5\frac{2}{5}$

4 $\frac{6}{11}\times3\frac{1}{9}\times\frac{11}{21}$

5 $\frac{4}{9}\times\frac{14}{15}\times3\frac{4}{7}$

6 $3\frac{3}{7}\times2\frac{3}{4}\times\frac{2}{9}$

7 $\frac{3}{8}\times2\frac{2}{7}\times2\frac{4}{5}$

8 $\frac{5}{7}\times3\frac{3}{8}\times2\frac{2}{9}$

날짜 : 월 일
부모님 확인

✲ 계산 결과가 가장 큰 것에 해당하는 글자에 ○표 하시오.

9

$1\frac{3}{7} \times 1\frac{5}{8} \times \frac{14}{15}$ 수

$3\frac{8}{9} \times \frac{1}{6} \times 1\frac{3}{7}$ 관

$2\frac{1}{12} \times \frac{2}{15} \times 1\frac{1}{2}$ 죽

10

$1\frac{1}{14} \times 1\frac{2}{3} \times \frac{4}{5}$ 마

$3\frac{1}{9} \times \frac{6}{7} \times 2\frac{2}{3}$ 어

$2\frac{5}{6} \times \frac{3}{5} \times 1\frac{9}{11}$ 포

11

$\frac{9}{10} \times 1\frac{3}{4} \times 1\frac{1}{14}$ 고

$\frac{4}{9} \times 3\frac{3}{5} \times 1\frac{7}{8}$ 유

$2\frac{4}{5} \times 4\frac{1}{2} \times \frac{6}{7}$ 지

12

$1\frac{4}{5} \times \frac{5}{6} \times 3\frac{1}{8}$ 신

$2\frac{1}{7} \times 1\frac{2}{3} \times \frac{9}{10}$ 우

$7\frac{1}{2} \times 2\frac{1}{5} \times \frac{6}{11}$ 교

나와 빅터는 물과 물고기처럼
서로 떨어져서 살 수 없는
친한 사이예요.

9	10	11	12

○표 한 글자를 차례로 써 보세요.
우리와 같은 사이를
사자성어로 이렇게 말하죠.

집중 연산 A

✲ 두 수의 곱을 위쪽 빈칸에 기약분수로 나타내시오.

1

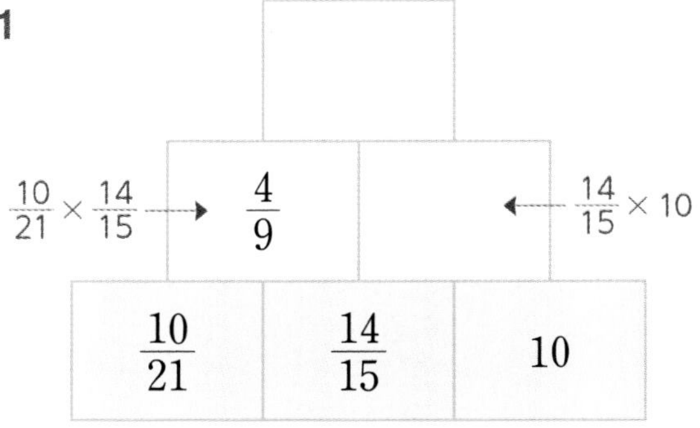

2

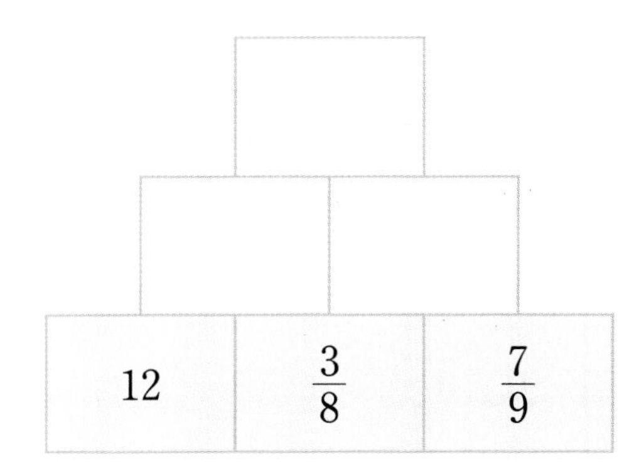

3

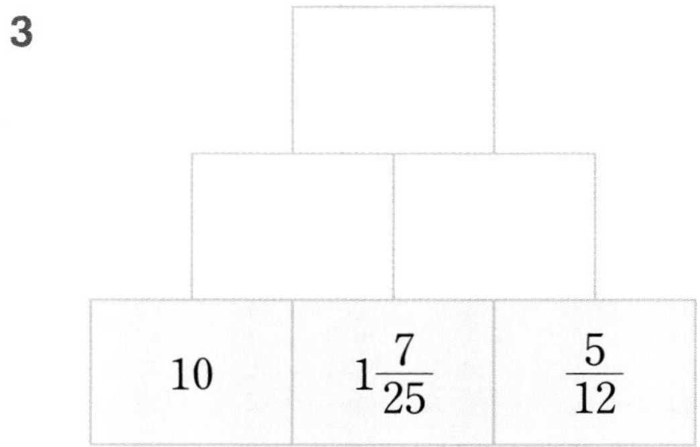

4

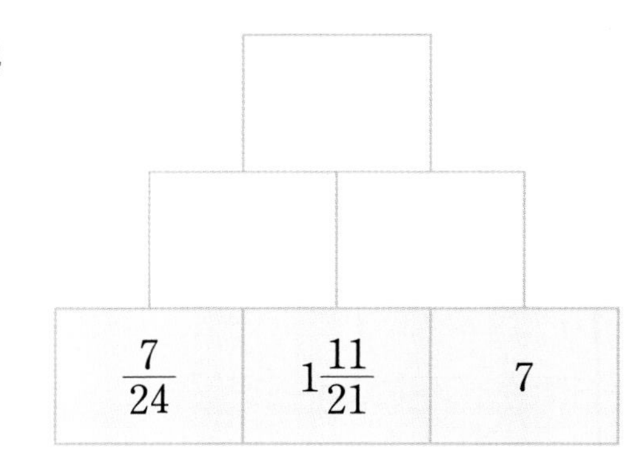

5

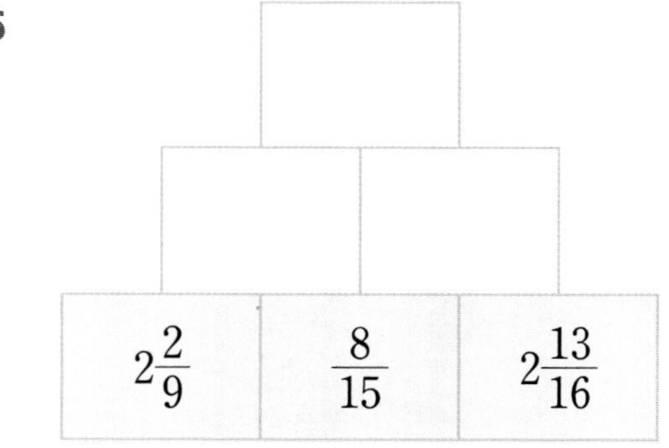

6

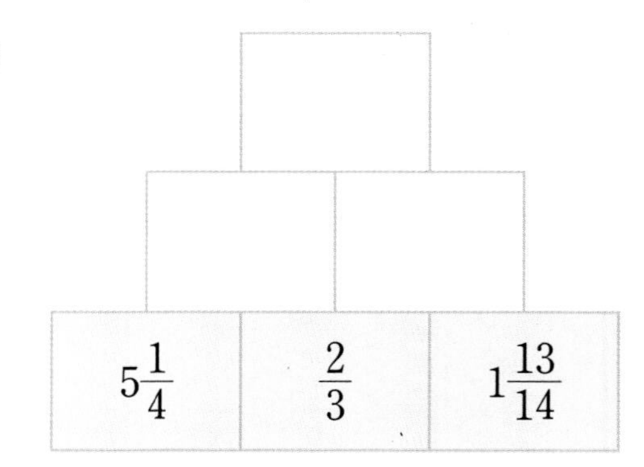

날짜 : 월 일
부모님 확인

✲ 사다리 타기를 해서 빈 곳에 알맞은 기약분수를 써넣으시오.

7
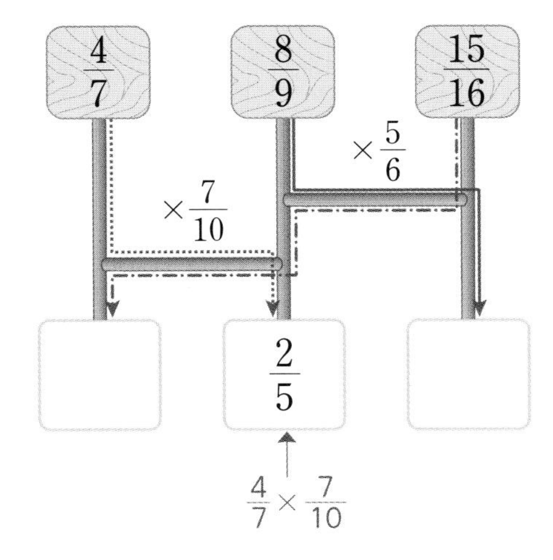

8
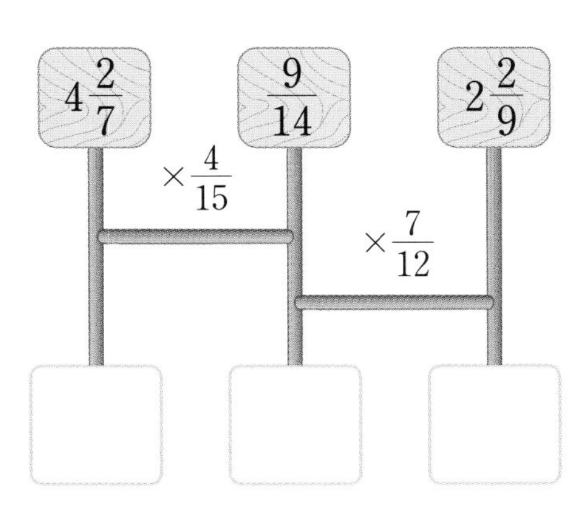

9
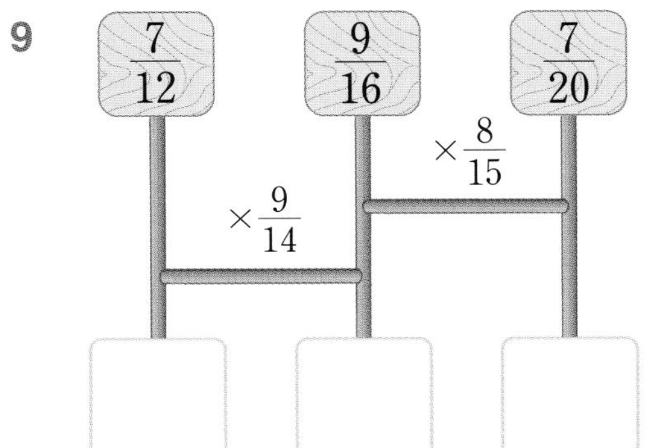

10
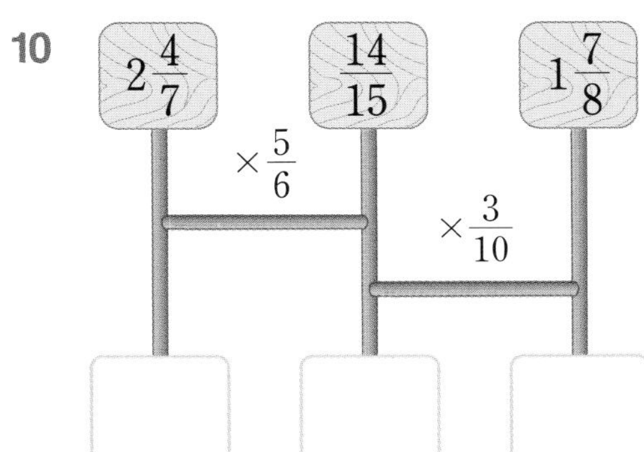

11
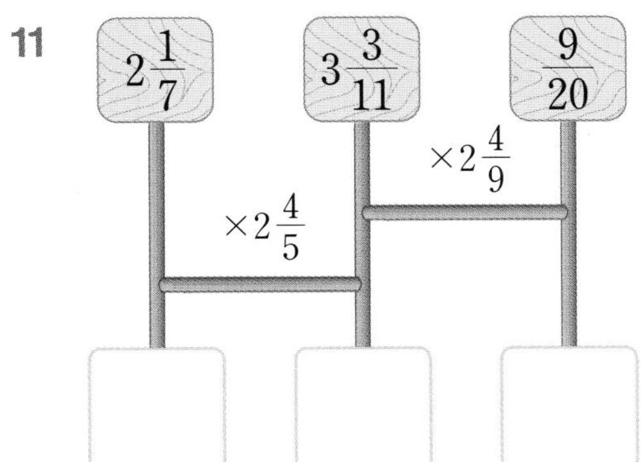

12
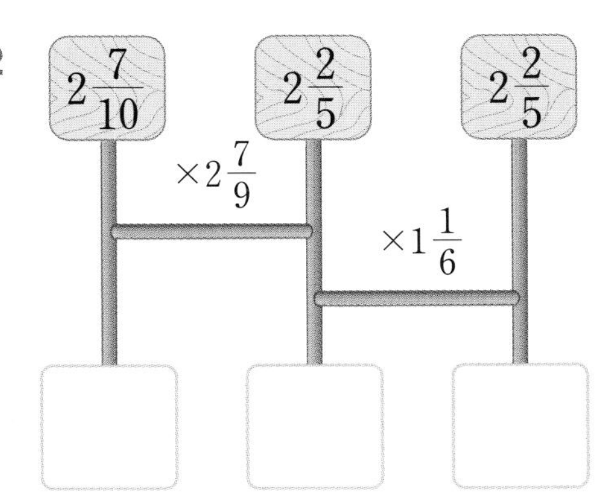

12 집중 연산 B

✲ 계산을 하여 기약분수로 나타내시오.

1 $\frac{10}{27}\times 18$

2 $\frac{9}{14}\times 4$

3 $1\frac{2}{15}\times 10$

4 $1\frac{7}{25}\times 15$

5 $24\times\frac{7}{30}$

6 $8\times\frac{15}{28}$

7 $15\times 2\frac{3}{20}$

8 $12\times 1\frac{7}{20}$

9 $\frac{1}{9}\times\frac{1}{8}$

10 $\frac{1}{7}\times\frac{1}{11}$

11 $\frac{16}{27}\times\frac{9}{14}$

12 $\frac{8}{15}\times\frac{3}{10}$

13 $\frac{8}{21}\times\frac{15}{16}$

14 $\frac{11}{28}\times\frac{21}{22}$

15 $\frac{15}{16}\times1\frac{13}{27}$

16 $1\frac{13}{21}\times\frac{7}{12}$

17 $1\frac{5}{16}\times2\frac{2}{15}$

18 $3\frac{3}{14}\times1\frac{13}{15}$

19 $2\frac{7}{10}\times2\frac{2}{9}$

20 $3\frac{7}{8}\times2\frac{2}{3}$

21 $\frac{8}{9}\times\frac{3}{4}\times\frac{7}{12}$

22 $\frac{3}{5}\times\frac{5}{6}\times\frac{7}{9}$

23 $\frac{6}{7}\times\frac{3}{10}\times\frac{5}{12}$

24 $\frac{5}{8}\times\frac{6}{7}\times\frac{14}{15}$

25 $\frac{5}{7}\times3\frac{3}{8}\times2\frac{2}{9}$

26 $3\frac{1}{5}\times6\frac{1}{4}\times\frac{3}{8}$

27 $\frac{9}{14}\times2\frac{5}{8}\times1\frac{5}{9}$

28 $2\frac{2}{15}\times6\frac{1}{4}\times\frac{2}{5}$

4 소수와 자연수의 곱셈

슝
슝
슝
엄청 빠른
로봇이잖아!
탁
탁
탁
휴~ 겨우
따돌렸다!
절 따돌리지
못했습니다.
뜨헉
뭐야~. 왜 이렇게
잘 따라와!
다다다
계속 도망 다닐 순 없어!
무슨 방법을 찾아야 하는데……
어라? 로봇 연구실?
로봇연구실
방 안에 로봇의
설계도가 있겠지?
설계도를 보면 로봇의
약점을 알 수 있을 거야!
로봇
이 문을 열려면 문제를
풀어야 한다고?
2.52 × 3
이게 무슨 문제더라?
아! 소수와 자연수의 곱셈.
2.52 × 3

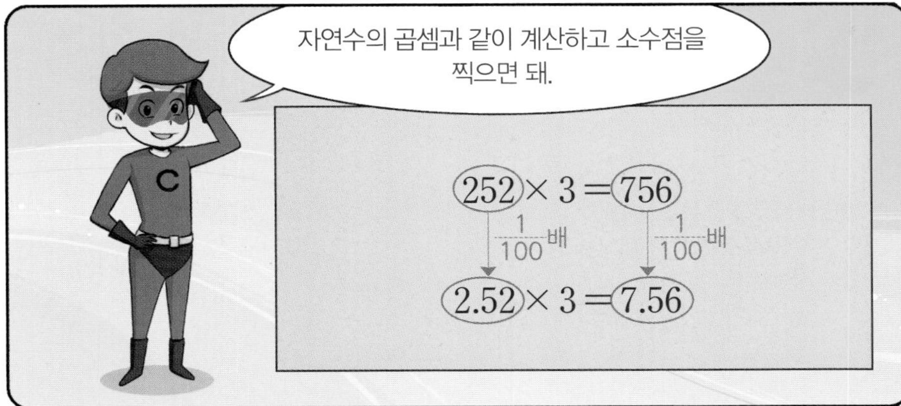

학습 내용

- (소수)×10, 100, 1000
- (1보다 작은 소수 한 자리 수)×(자연수)
- (1보다 작은 소수 두 자리 수)×(자연수)
- (1보다 큰 소수 한 자리 수)×(자연수)
- (1보다 큰 소수 두 자리 수)×(자연수)
- (소수)×(자연수)

01 (소수)×10, 100, 1000

0.36에 10, 100, 1000 곱하기

$0.36 \times 10 = 3.6$
0이 1개 — 오른쪽으로 한 자리 이동

$0.36 \times 100 = 36$
0이 2개 — 오른쪽으로 두 자리 이동

$0.36 \times 1000 = 360$
0이 3개 — 오른쪽으로 세 자리 이동

곱의 소수점을 옮길 자리가 없으면 오른쪽으로 0을 채우면서 소수점을 옮겨요.

(소수)×10, 100, 1000의 곱은 곱하는 수의 0의 수만큼 소수점이 오른쪽으로 옮겨져요.

계산을 하시오.

1 $0.1 \times 10 = \square$

$0.1 \times 100 = \square$

$0.1 \times 1000 = \square$

2 $0.52 \times 10 = \square$

$0.52 \times 100 = \square$

$0.52 \times 1000 = \square$

3 $2.04 \times 10 = \square$

$2.04 \times 100 = \square$

$2.04 \times 1000 = \square$

4 $5.79 \times 10 = \square$

$5.79 \times 100 = \square$

$5.79 \times 1000 = \square$

5 $0.187 \times 10 = \square$

$0.187 \times 100 = \square$

$0.187 \times 1000 = \square$

6 $10.23 \times 10 = \square$

$10.23 \times 100 = \square$

$10.23 \times 1000 = \square$

✲ 보기 와 같이 주어진 수를 10배 한 수를 ⬭ 안에, 100배 한 수를 ⬭ 안에, 1000배 한 수를 ⬭ 안에 써넣으시오.

보기

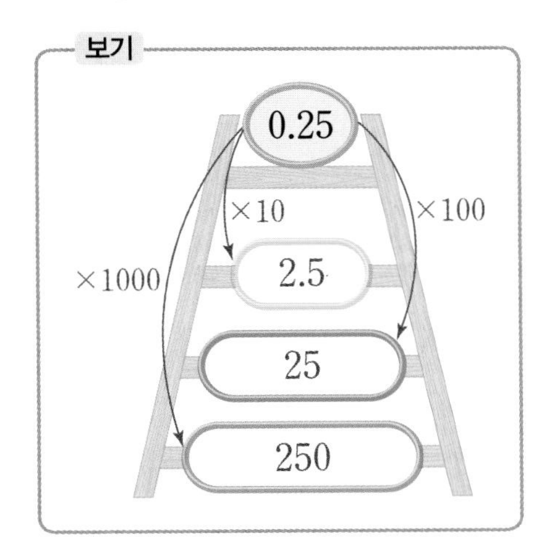

7

0.3

8

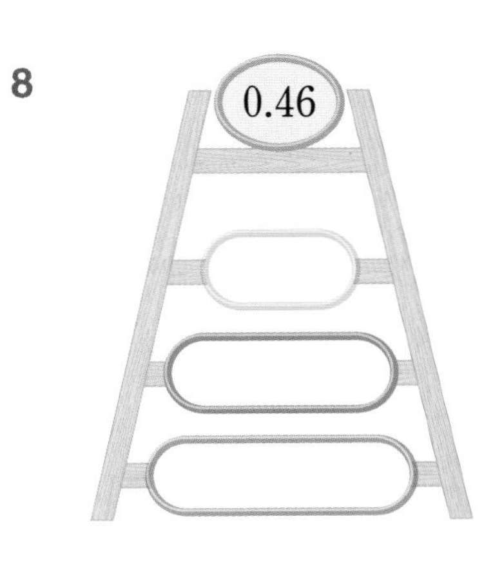

9

1.7

10

0.06

11

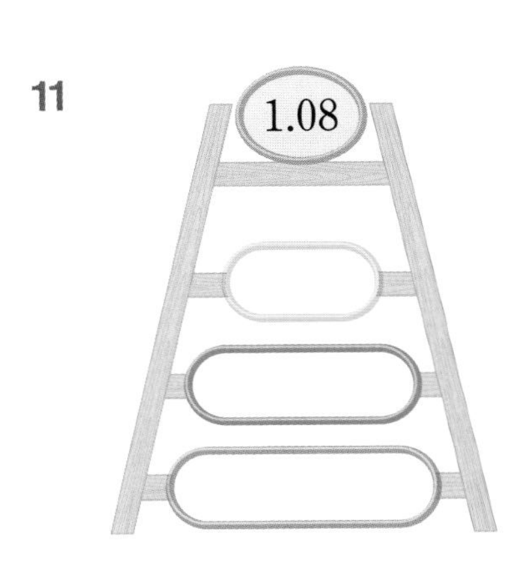

12

3.62

13

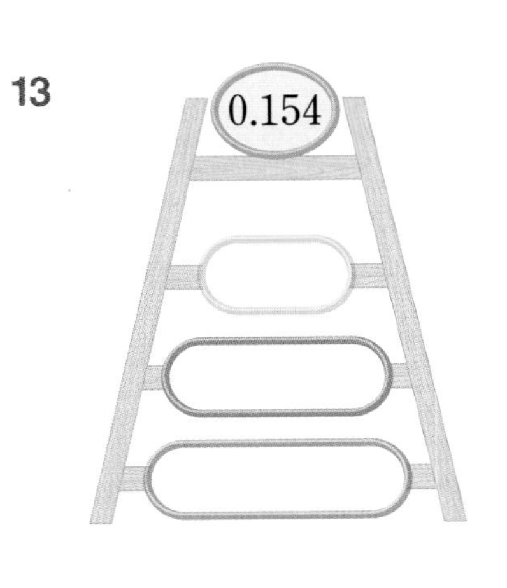

14

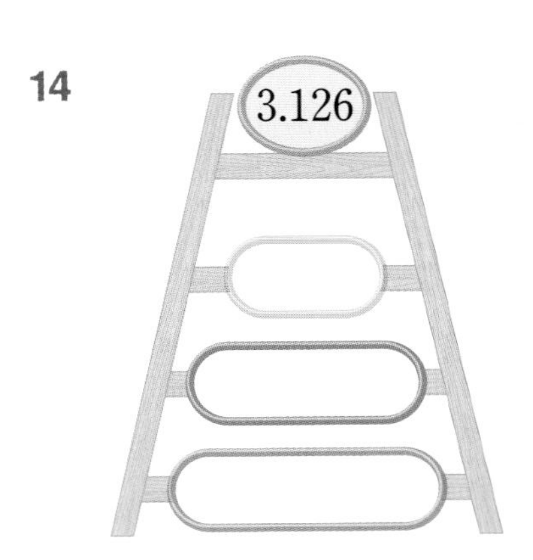

(1보다 작은 소수 한 자리 수)×(자연수)

0.6×3의 계산

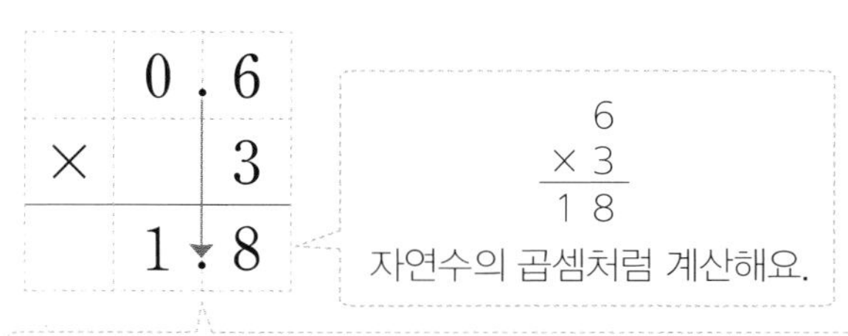

	0 . 6
×	3
	1 . 8

$$\begin{array}{r} 6 \\ \times\ 3 \\ \hline 1\ 8 \end{array}$$

자연수의 곱셈처럼 계산해요.

곱해지는 수의 소수점의 위치에 맞추어 소수점을 찍어요.

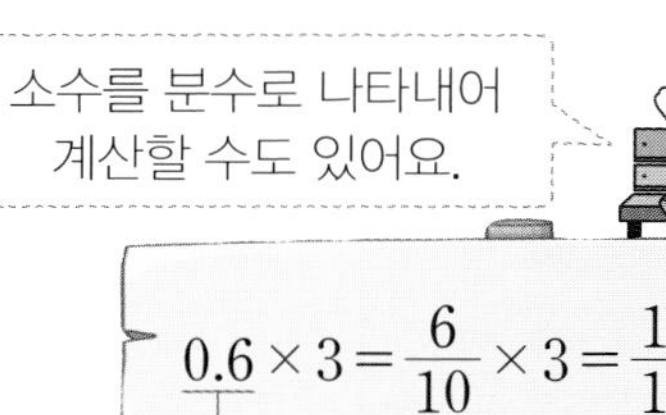

$0.6\times3=\frac{6}{10}\times3=\frac{18}{10}=1.8$

소수를 분수로 나타내요.

계산을 하시오.

1 0.4×4

2 0.8×6

3 0.9×4

4 0.7×6

5 0.5×6

소수점 아래 마지막 0은 생략할 수 있어요.

6 0.2×9

7 0.3×15

8 0.6×29

9 0.7×38

✲ 계산을 하시오.

10
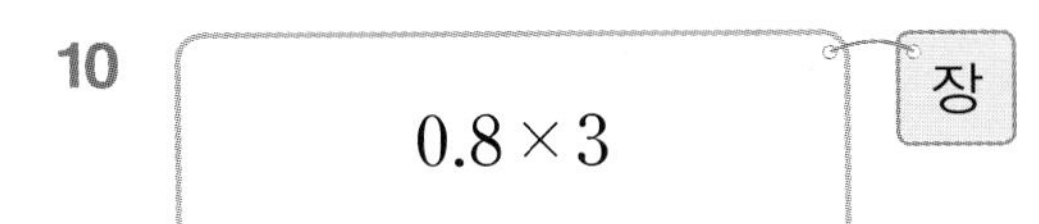

11
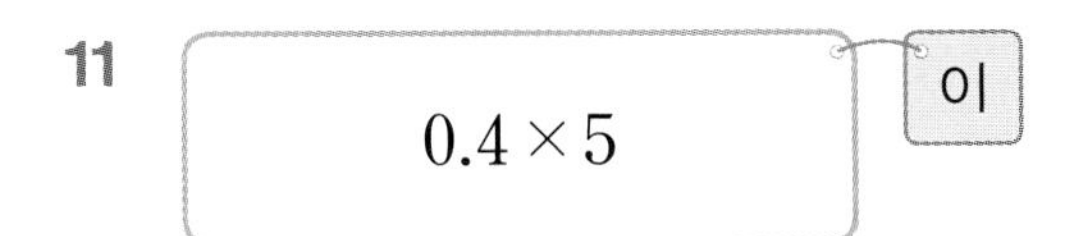

12
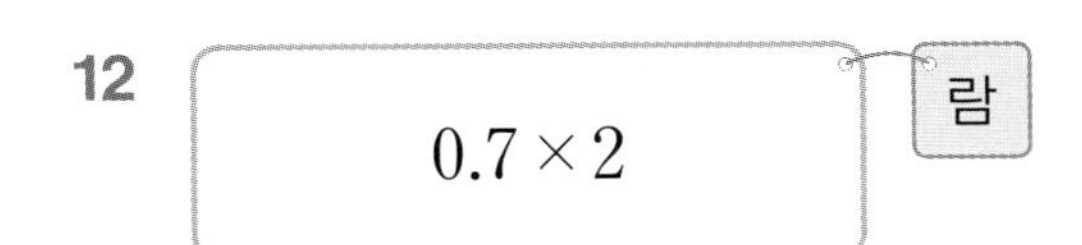

13
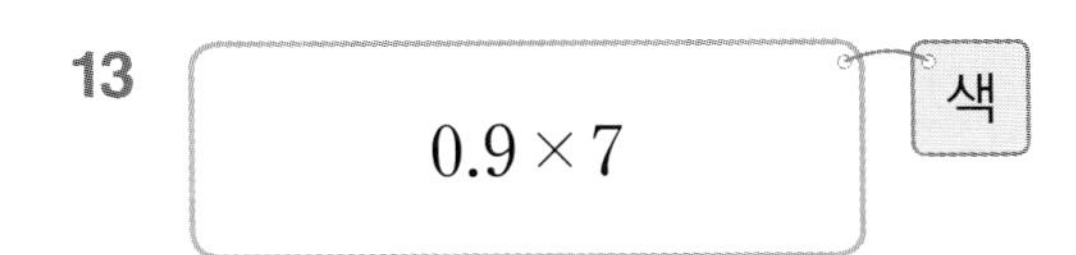

14
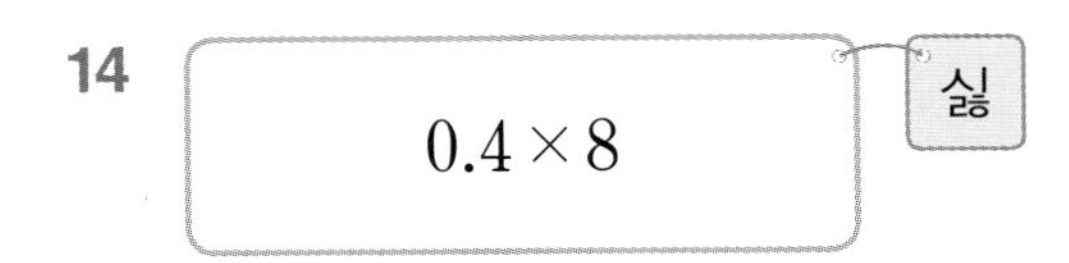

15
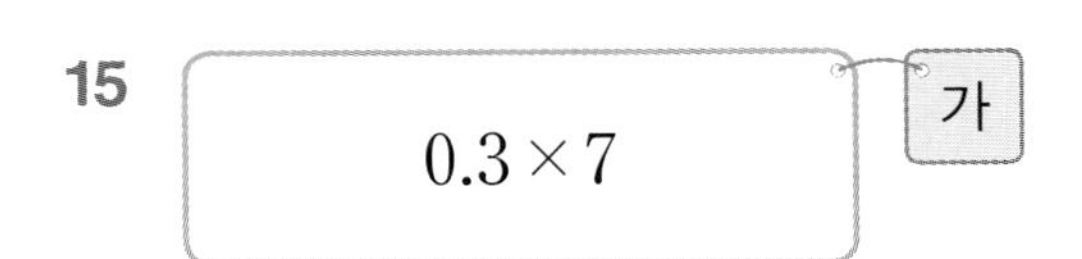

16
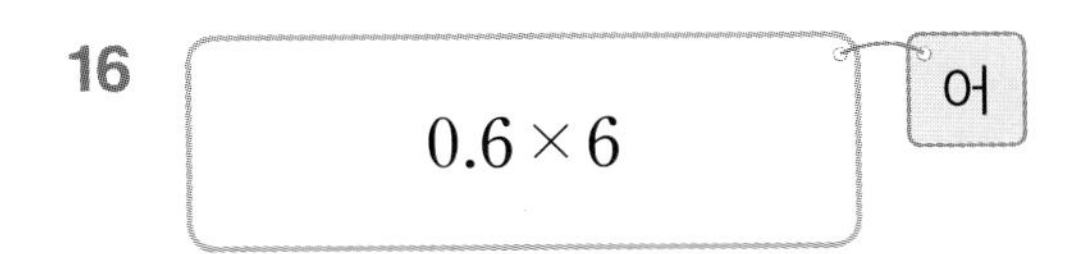

17
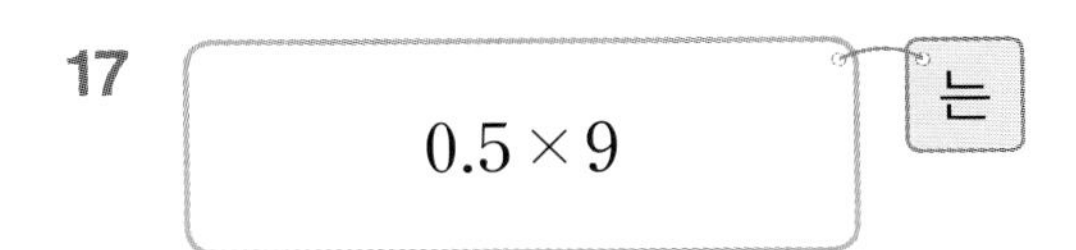

18
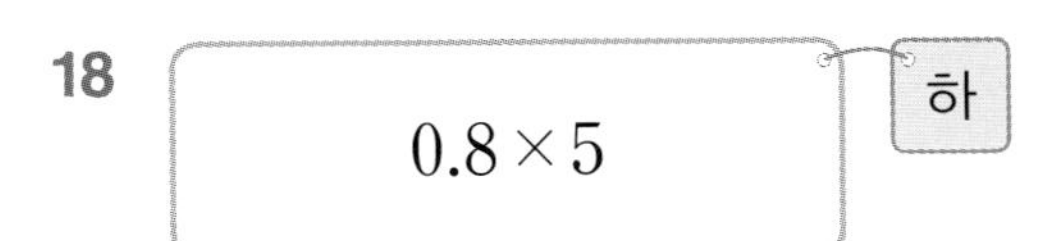

19
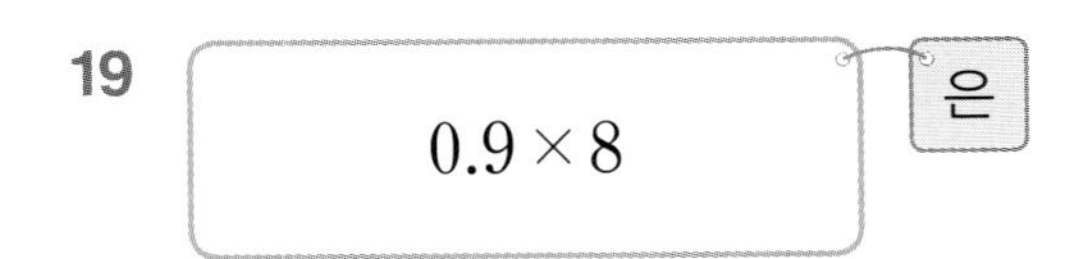

20
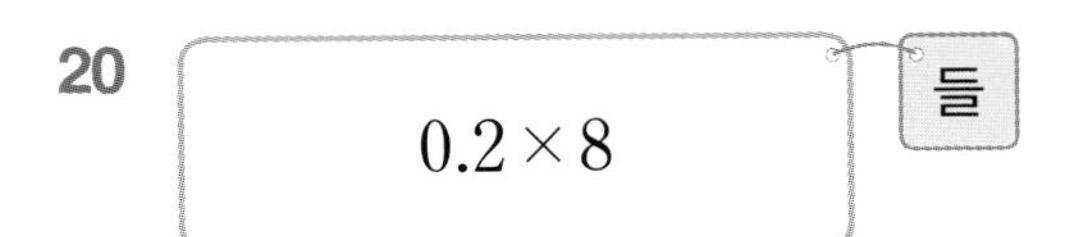

21
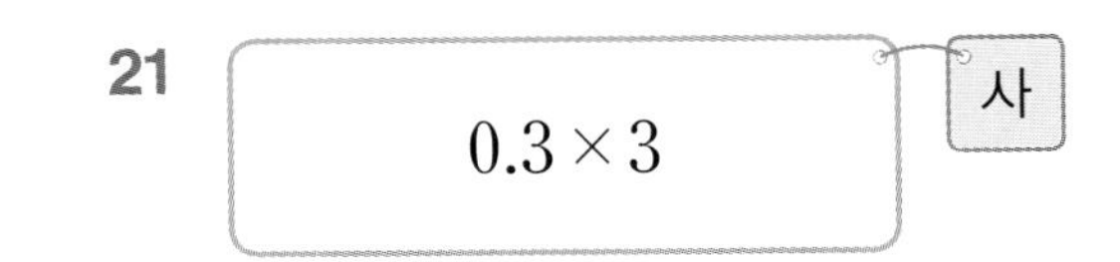

계산 결과에 해당하는 글자를 써넣어
만든 수수께끼의 답은 무엇일까요?

수수께끼

0.9	1.4	1.6	2	2.1	2.4	3.2	3.6	4	4.5	6.3	7.2

?

(1보다 작은 소수 두 자리 수)×(자연수)

0.83×2의 계산

	0	. 8	3
×			2
	1	. 6	6

자연수의 곱셈과 같이 계산하고 소수점을 찍어요.

곱의 소수점의 위치는 곱해지는 수의 소수점의 위치와 같아요.

계산을 하시오.

1

	0	. 4	2
×			4

2

	0	. 6	1
×			7

3

	0	. 7	5
×			3

4

	0	. 3	6
×			6

5

	0	. 5	7
×			4

6

	0	. 7	7
×			6

7

	0	. 2	7
×		1	3

8

	0	. 4	2
×		1	5

9

	0	. 8	6
×		2	4

✲ 계산을 하시오.

10 0.17×6

11 0.28×16

12 0.84×3

13 0.09×25

14 0.57×4

15 0.72×25

16 0.93×7

17 0.62×15

18 0.37×8

3.24	2.96	18	4.48	5.36
2.86	2.2	2.81	2.52	2.7
25.2	3.72	4.21	6.51	4.62
22.5	32.1	2.28	15.24	7.27
3.38	9.3	1.02	2.25	6.44

계산 결과가 적힌 칸을 색칠해 봐요.
나타나는 글자는 무엇일까요?

(1보다 큰 소수 한 자리 수)×(자연수)

1.2×4의 계산

	1	2
×		4
	4	8

➡

	1	. 2
×		4
	4	. 8

자연수의 곱셈과 같이 계산하고 소수점을 찍어요.

덧셈을 이용할 수도 있어요.
$1.2 \times 4 = 1.2 + 1.2 + 1.2 + 1.2 = 4.8$

✲ 계산을 하시오.

1

	1	. 4
×		2

2

	3	. 6
×		9

3

	7	. 1
×		7

4

	6	. 9
×		8

5

	8	. 6
×		5

6

	9	. 3
×		4

7

	4	. 7
×	1	6

8

		6	. 5
	×	2	3

9

		8	. 6
	×	3	7

날짜 : 월 일

부모님 확인

✲ 다음은 1분 동안 운동했을 때 소모되는 열량을 나타낸 것입니다. 주어진 시간 동안 운동을 했을 때 소모되는 열량을 구하시오.

→ 체내에서 발생하는 에너지를 말하며 kcal(킬로칼로리)를 단위로 사용합니다.

종류	축구	수영	요가	테니스	줄넘기
소모 열량 (kcal)	8.4	9.5	2.8	4.2	5.7

10

요가를 20분 동안 했어요.

식 $2.8 \times 20 = \square$

답 ______ kcal

11

축구를 45분 동안 했어요.

식 $8.4 \times 45 = \square$

답 ______ kcal

12

줄넘기를 12분 동안 했어요.

식 ______

답 ______ kcal

13

테니스를 24분 동안 했어요.

식 ______

답 ______ kcal

14

요가를 37분 동안 했어요.

식 ______

답 ______ kcal

15

수영을 29분 동안 했어요.

식 ______

답 ______ kcal

16

축구를 17분 동안 했어요.

식 ______

답 ______ kcal

17

줄넘기를 31분 동안 했어요.

식 ______

답 ______ kcal

05 (1보다 큰 소수 두 자리 수)×(자연수)

2.38 × 3의 계산

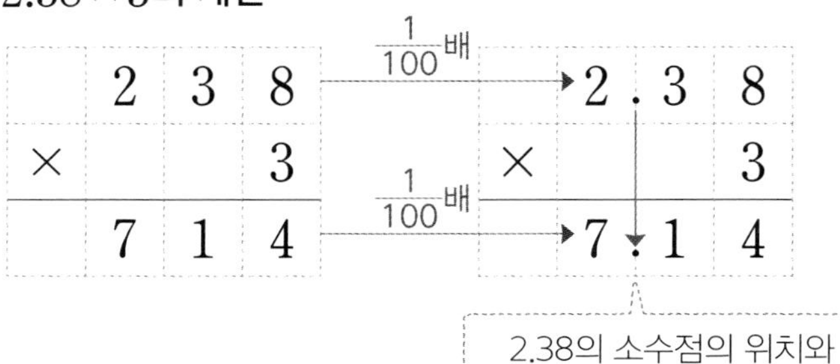

2.38의 소수점의 위치와 같은 곳에 소수점을 찍어요.

2.38 × 3은 238 × 3의 계산 결과에 소수점을 맞춰 찍으면 돼요.

✲ 계산을 하시오.

1

	1 .	2	3
×			2

2

	3 .	6	7
×			4

3

	8 .	8	2
×			7

4

	4 .	2	7
×			7

5

	6 .	4	4
×			3

6

	9 .	8	7
×			5

7

	4 .	7	9
×		1	7

8

	5 .	1	2
×		1	9

9

	5 .	8	6
×		1	5

날짜 : 월 일

부모님 확인

✲ 다음 교통수단이 1분 동안 갈 수 있는 거리를 나타낸 것입니다. 교통수단이 주어진 시간 동안 몇 km를 갈 수 있는지 구하시오.

교통수단	오토바이	자동차	기차	헬리콥터	비행기
갈 수 있는 거리 (km)	1.06	1.84	4.23	3.75	15.52

10  6분

______ km

11  9분

______ km

12  7분

______ km

13  12분

______ km

14  14분

______ km

15  20분

______ km

16 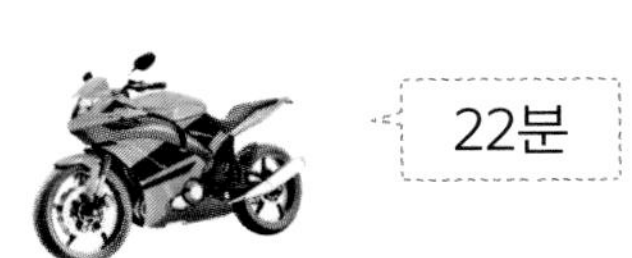 22분

______ km

17  36분

______ km

(소수)×(자연수)

⊡ 13.5×7의 계산

	1	3 .	5
×			7
	9	4 .	5

⊡ 1.35×7의 계산

	1 .	3	5
×			7
	9 .	4	5

곱의 소수점의 위치는 곱해지는 수의 소수점의 위치와 같아요.

✲ 계산을 하시오.

1

	0 .	2
×		4

2

	1 .	8
×		6

3

	0 .	3	8
×			6

4

	1 .	9
×		3

5

	2 .	1	7
×			9

6

	5 .	3	8
×			7

7

	8 .	7
×	1	1

8

	0 .	4	1
×		4	3

9

	4 .	6	9
×		1	4

✲ 계산을 하시오.

10 (츠) 0.5×7

11 (셔) 0.7×7

12 (티) 4.2×9

13 (색) 6.7×6

14 (경) 0.23×5

15 (연) 8.35×6

16 (안) 0.39×3

17 (두) 9.64×5

공항에서 가이드를 만나기로 했습니다. 계산 결과가 큰 순서대로
글자를 써넣으면 몇 번 가이드를 만나야 할지 알 수 있어요.

☐☐☐ ☐☐☐, ☐☐

집중 연산 A

✲ 빈 곳에 알맞은 수를 써넣으시오.

1 ×

0.9	6	5.4
1.9	16	

→ $0.9 \times 6 = 5.4$

2 ×

0.27	5	
4.36	9	

3 ×

7.2	7	
1.07	12	

4 ×

0.84	4	
6.58	24	

5 ×

2.1	13	
1.62	7	

6 ×

0.96	28	
12.21	9	

7 ×

7.92	8	
0.6	15	

8 ×

3.62	100	
5.75	1000	

9 ×

3.7	7	
7.1	4	

10 ×

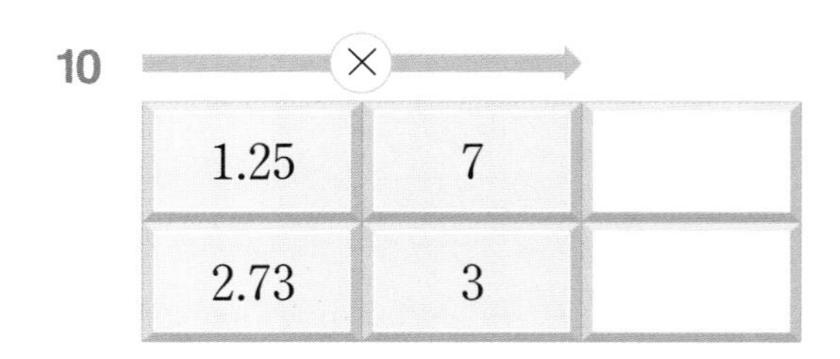

1.25	7	
2.73	3	

날짜 : 월 일

부모님 확인

✲ 빈 곳에 알맞은 수를 써넣으시오.

11

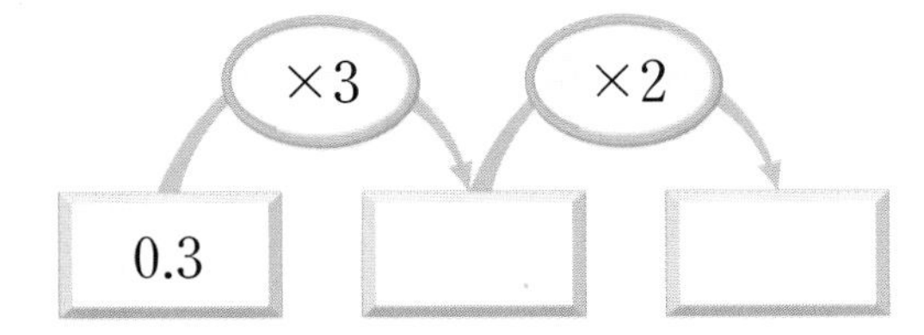

12

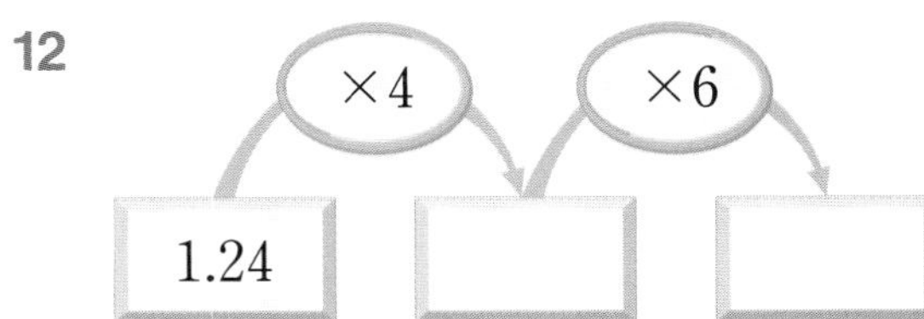

13

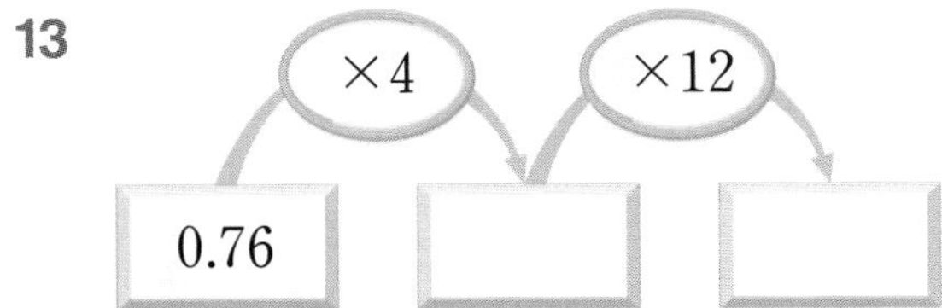

14

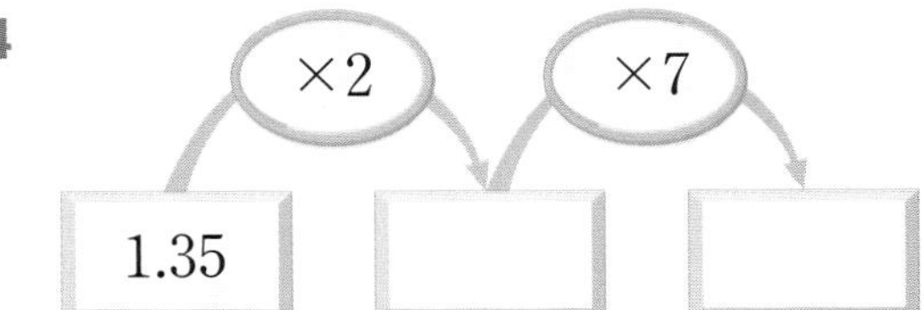

15

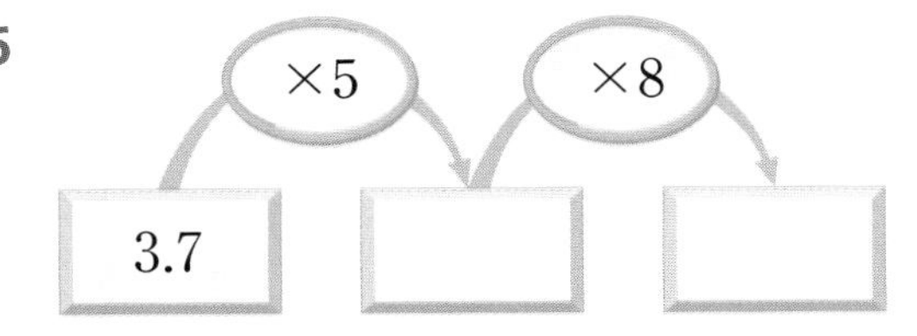

16

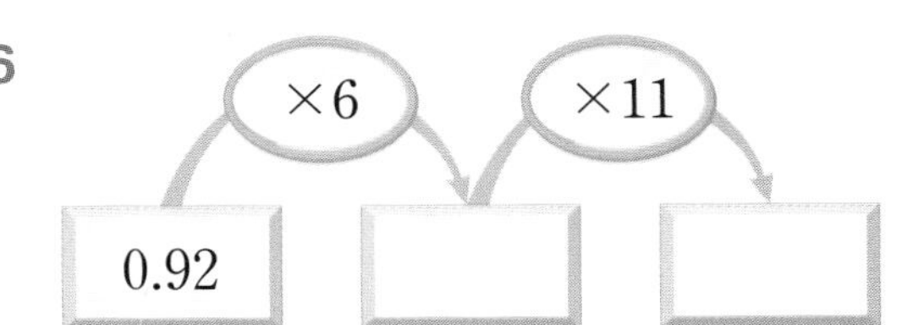

17

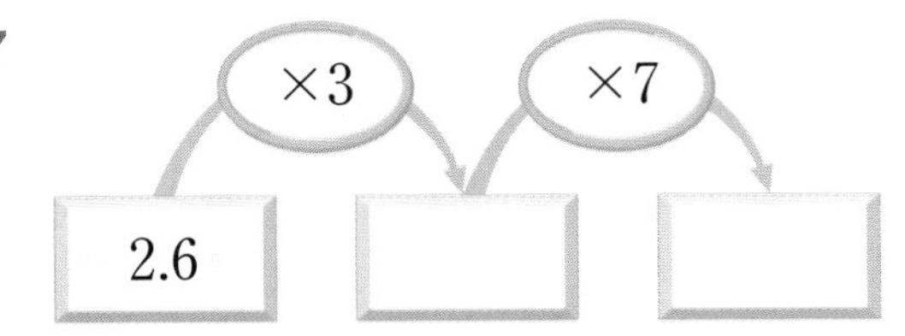

18

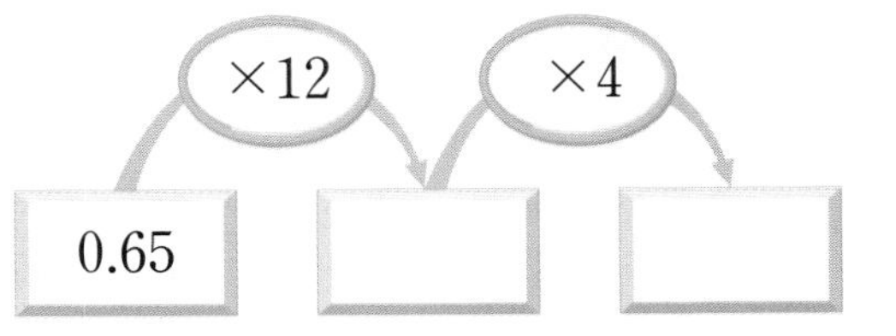

19

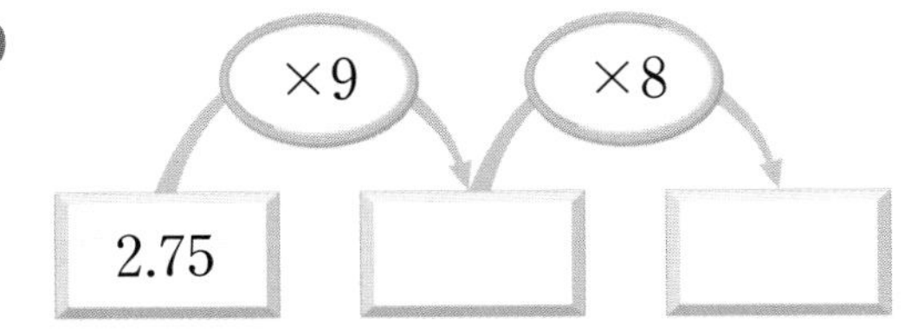

20

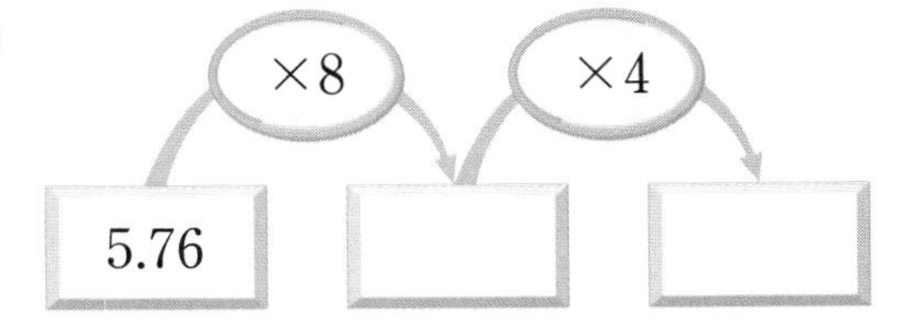

08 집중 연산 B

✲ 계산을 하시오.

1
$$\begin{array}{r} 0.8 \\ \times \quad 9 \\ \hline \end{array}$$

2
$$\begin{array}{r} 0.58 \\ \times \quad 7 \\ \hline \end{array}$$

3
$$\begin{array}{r} 0.9 \\ \times \quad 7 \\ \hline \end{array}$$

4
$$\begin{array}{r} 1.6 \\ \times \quad 8 \\ \hline \end{array}$$

5
$$\begin{array}{r} 2.14 \\ \times \quad 9 \\ \hline \end{array}$$

6
$$\begin{array}{r} 2.4 \\ \times \quad 7 \\ \hline \end{array}$$

7
$$\begin{array}{r} 5.7 \\ \times 14 \\ \hline \end{array}$$

8
$$\begin{array}{r} 4.08 \\ \times \quad 6 \\ \hline \end{array}$$

9
$$\begin{array}{r} 1.26 \\ \times \quad 4 \\ \hline \end{array}$$

10
$$\begin{array}{r} 0.27 \\ \times \quad 8 \\ \hline \end{array}$$

11
$$\begin{array}{r} 5.43 \\ \times \quad 7 \\ \hline \end{array}$$

12
$$\begin{array}{r} 3.26 \\ \times \quad 12 \\ \hline \end{array}$$

13
$$\begin{array}{r} 2.63 \\ \times \quad 11 \\ \hline \end{array}$$

14
$$\begin{array}{r} 1.6 \\ \times 32 \\ \hline \end{array}$$

15
$$\begin{array}{r} 9.65 \\ \times \quad 13 \\ \hline \end{array}$$

16 7.61×10

17 9.2×100

18 0.4×9

19 0.64×2

20 3.7×8

21 0.09×36

22 9.5×9

23 0.35×27

24 8.76×13

25 5.4×5

26 4.82×27

27 3.7×16

28 9.6×12

29 7.79×22

5 자연수와 소수의 곱셈

꿀꺽.
사 삭
삭
삭
쫓던 목표물이 사라졌다.
목표물이 사라졌으니 충전실로 복귀하겠다.
역시 내가 안 보이는구나!
저번처럼 몰래 가서 로봇을 멈추게 만들어야겠다!
충전실 도착!
여기가 로봇을 충전하는 곳이구나!
충전을 시작하겠습니다!
지 잉
자연수와 소수의 곱셈!
24 × 0.6
곱하는 수의 소수점의 위치에 맞추어 소수점을 찍으면 14.4군.
2 4
× 6
1 4 4
2 4
× 0 . 6
1 4 . 4

학습 내용

- (자연수) × 0.1, 0.01, 0.001
- (자연수) × (1보다 작은 소수 한 자리 수)
- (자연수) × (1보다 작은 소수 두 자리 수)
- (자연수) × (1보다 큰 소수 한 자리 수)
- (자연수) × (1보다 큰 소수 두 자리 수)
- (자연수) × (소수)

01 (자연수)×0.1, 0.01, 0.001

451에 0.1, 0.01, 0.001 곱하기

소수 한 자리 / 소수 두 자리 / 소수 세 자리

$451 \times 0.1 = 45.1$ $451 \times 0.01 = 4.51$ $451 \times 0.001 = 0.451$

왼쪽으로 한 자리! / 왼쪽으로 두 자리! / 왼쪽으로 세 자리!

소수점 앞에 숫자가 없으면 0을 써요.

곱하는 수의 소수점 아래 자리 수만큼 소수점이 왼쪽으로 옮겨져요!

계산을 하시오.

1 $381 \times 0.1 = \square$

$381 \times 0.01 = \square$

$381 \times 0.001 = \square$

2 $54 \times 0.1 = \square$

$54 \times 0.01 = \square$

$54 \times 0.001 = \square$

14.0에서 소수점 아래 0은 생략할 수 있어요.

3 $140 \times 0.1 = 14$

$140 \times 0.01 = \square$

$140 \times 0.001 = \square$

4 $230 \times 0.1 = \square$

$230 \times 0.01 = \square$

$230 \times 0.001 = \square$

5 $7 \times 0.1 = \square$

$7 \times 0.01 = \square$

$7 \times 0.001 = \square$

6 $605 \times 0.1 = \square$

$605 \times 0.01 = \square$

$605 \times 0.001 = \square$

7 맞으면 ◯표, 틀리면 /표 하여 채점을 하고 틀린 부분을 ×표 한 후 바르게 고쳐 보시오.

쪽지 시험	5 학년 천재 반
범위: (자연수) $\times$ 0.1, 0.01, 0.001	이름: 이빅터

✲ 계산을 하시오.

(1) $270 \times 0.01 = 27$ 2.7

(2) $309 \times 0.001 = 0.309$

(3) $515 \times 0.1 = 51.5$

(4) $8 \times 0.01 = 0.8$

(5) $95 \times 0.001 = 0.95$

(6) $60 \times 0.1 = 6$

(7) $77 \times 0.001 = 0.077$

(8) $186 \times 0.1 = 18.6$

(9) $632 \times 0.01 = 0.632$

(10) $40 \times 0.01 = 0.4$

(11) $270 \times 0.001 = 0.027$

(12) $409 \times 0.01 = 4.09$

(자연수)×(1보다 작은 소수 한 자리 수)

3×0.9의 계산

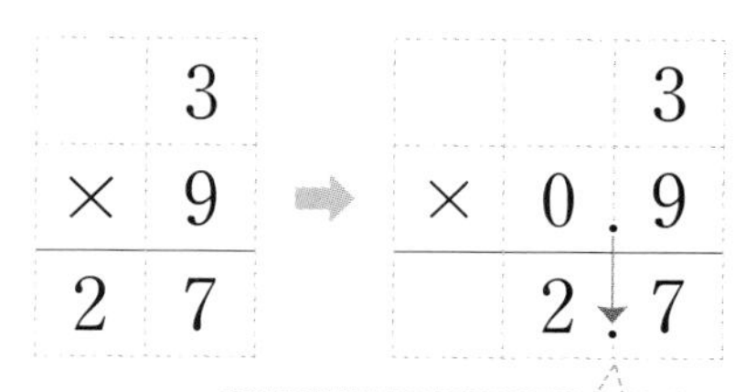

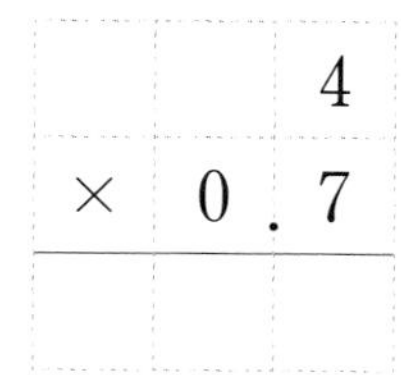

계산을 하시오.

1. 2×0.4

2. 6×0.3

3. 4×0.7

4. 5×0.3

5. 8×0.5

6. 11×0.9

7. 7×0.2

8. 9×0.4

9. 12×0.3

10. 20×0.2

11. 12×0.4

12. 13×0.6

날짜 :　　　월　　　일
부모님 확인

✲ 나뭇잎의 무게를 보고 애벌레가 먹은 나뭇잎의 양을 구하시오.

13

0.4만큼 먹었어요.

식 $32 \times 0.4 = \square$

답 ________ g

14

식 $44 \times 0.3 = \square$

답 ________ g

15

식 ________

답 ________ g

16

식 ________

답 ________ g

17

식 ________

답 ________ g

18

0.2만큼 먹었어요.

식 ________

답 ________ g

19

식 ________

답 ________ g

20

식 ________

답 ________ g

(자연수)×(1보다 작은 소수 두 자리 수)

7 × 0.13의 계산

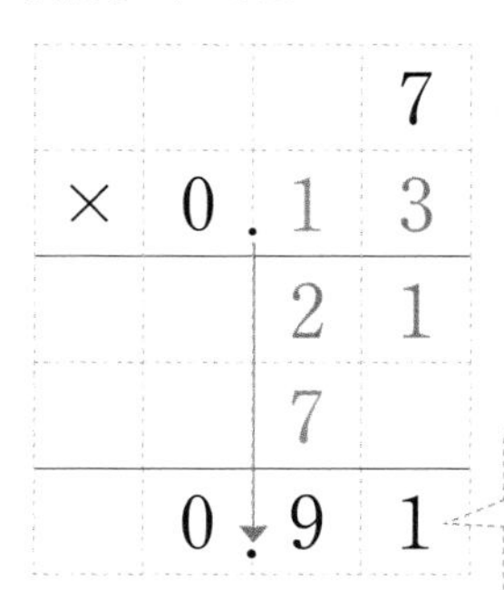

곱하는 수의 소수점의 위치에 맞추어 소수점을 찍어요.

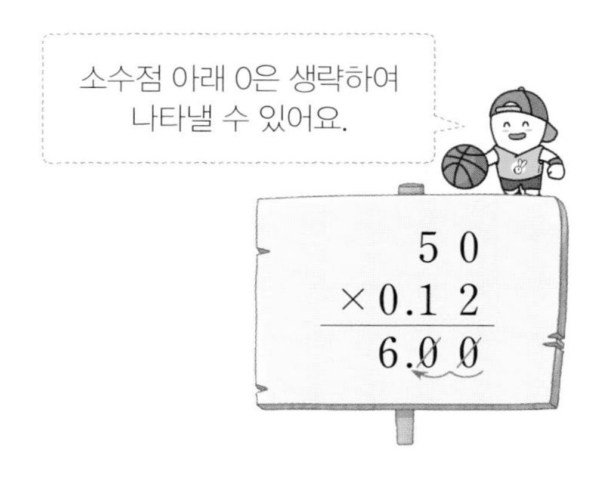

계산을 하시오.

1

			3
×	0	. 0	4

2

			5
×	0	. 0	7

3

			8
×	0	. 0	9

4

		2	4
×	0	. 1	8

5

		1	6
×	0	. 2	5

6

		1	3
×	0	. 1	2

7

		1	9
×	0	. 7	1

8

		2	3
×	0	. 1	6

9

		3	3
×	0	. 4	1

✲ 다음은 물건의 가격에 따라 적립되는 적립금입니다. 보기 와 같이 물건을 살 때 적립되는 적립금을 구하시오.

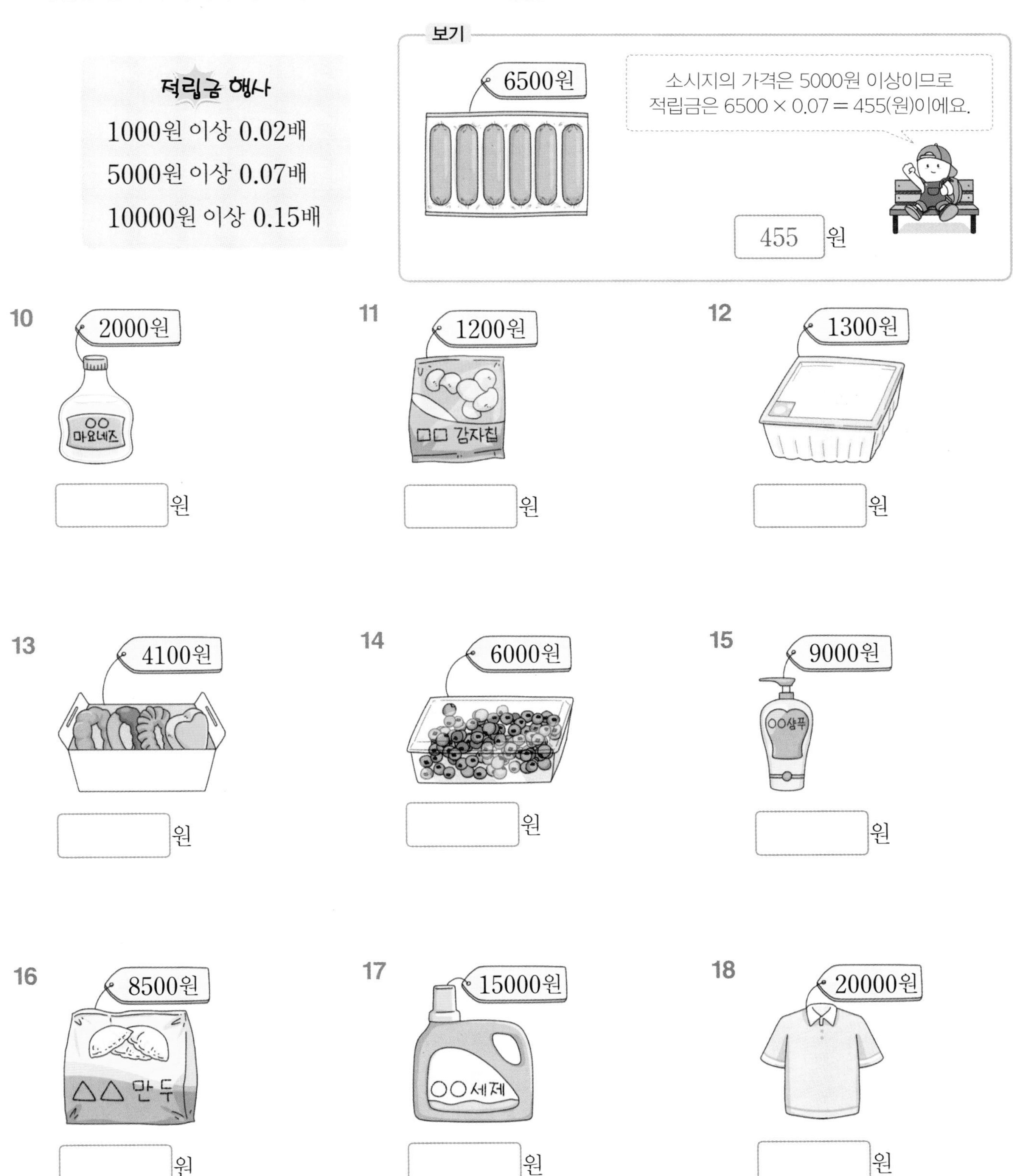

(자연수)×(1보다 큰 소수 한 자리 수)

⊙ 5×1.5의 계산

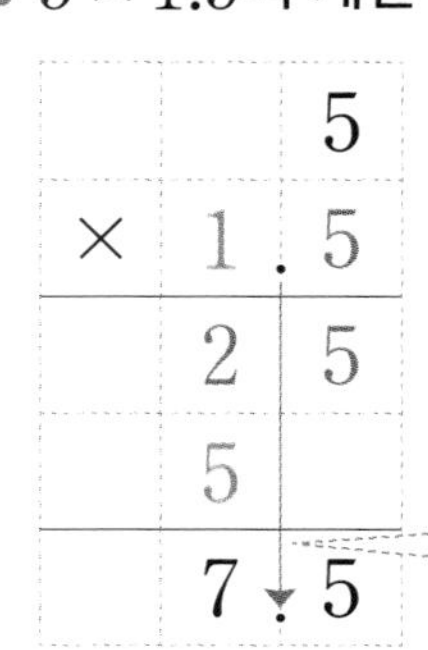

1.5의 소수점의 위치와 같은 곳에 소수점을 찍어요.

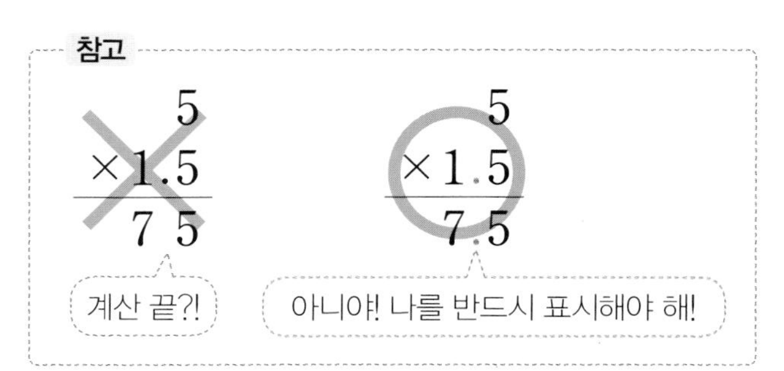

✲ 계산을 하시오.

1

$$\begin{array}{r} 8 \\ \times\ 4.6 \\ \hline \end{array}$$

2

$$\begin{array}{r} 7 \\ \times\ 3.8 \\ \hline \end{array}$$

3

$$\begin{array}{r} 4 \\ \times\ 6.2 \\ \hline \end{array}$$

4

$$\begin{array}{r} 6 \\ \times\ 5.7 \\ \hline \end{array}$$

5

$$\begin{array}{r} 2 \\ \times\ 2.3 \\ \hline \end{array}$$

6

$$\begin{array}{r} 9 \\ \times\ 7.2 \\ \hline \end{array}$$

7

$$\begin{array}{r} 36 \\ \times\ 4.3 \\ \hline \end{array}$$

8

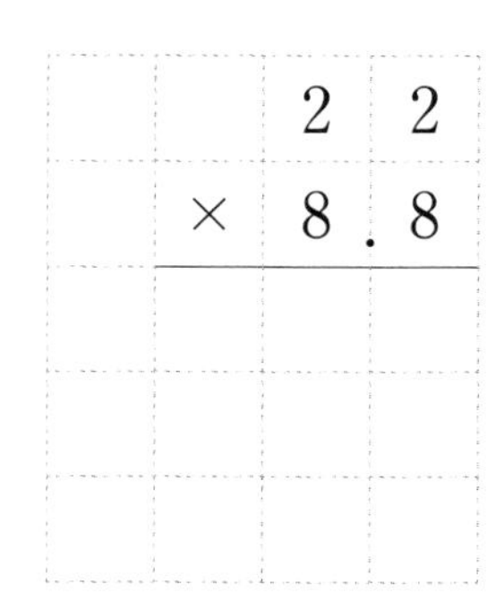

9

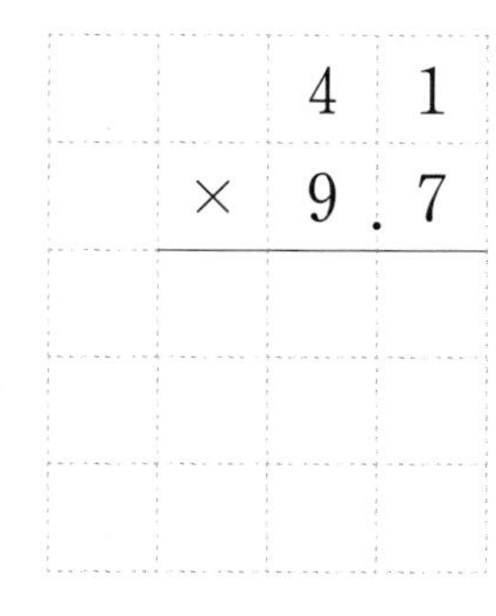

날짜 :　　월　　일
부모님 확인

그림자의 길이를 구하시오.

10

☐ cm

11

☐ cm

12

☐ cm

13

그림자는 내 키의 1.2배

120 cm

☐ cm

14

☐ cm

15

☐ cm

16

☐ cm

17

☐ cm

05 (자연수)×(1보다 큰 소수 두 자리 수)

7×2.11의 계산

$$7 \times 2.11 = 14.77$$

2.11의 소수점의 위치와 같은 곳에 소수점을 찍어요.

$$7 \times 2.11 = 7 \times \frac{211}{100} = \frac{7 \times 211}{100} = \frac{1477}{100} = 14.77$$

분수의 곱셈으로 계산해도 돼요.

계산을 하시오.

1 $6 \times 1.14 =$ ☐

2 $8 \times 1.16 =$ ☐

3 $3 \times 2.56 =$ ☐

4 $5 \times 5.24 =$ ☐

5 $4 \times 1.25 =$ ☐

6 $9 \times 2.11 =$ ☐

7 $15 \times 1.04 =$ ☐

8 $11 \times 4.12 =$ ☐

9 $21 \times 2.47 =$ ☐

10 $35 \times 1.89 =$ ☐

✲ 계산을 하시오.

11 $5 \times 3.15 =$ ☐ (하)

12 $7 \times 2.04 =$ ☐ (든)

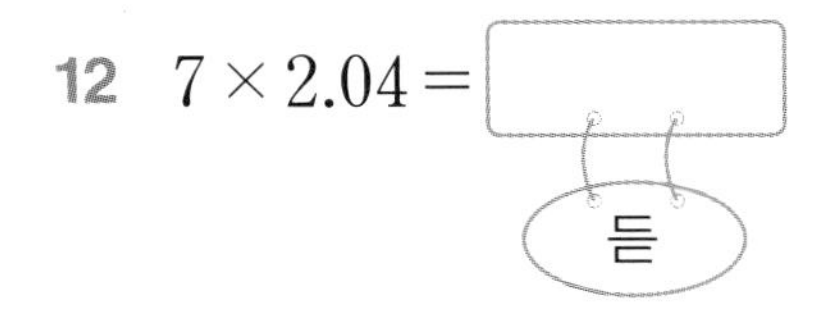

13 $20 \times 1.64 =$ ☐ (기)

14 $3 \times 1.66 =$ ☐ (은)

15 $15 \times 2.11 =$ ☐ (말)

16 $12 \times 3.21 =$ ☐ (이)

17 $42 \times 1.55 =$ ☐ (용)

18 $2 \times 9.54 =$ ☐ (어)

19 $30 \times 2.45 =$ ☐ (는)

20 $19 \times 3.02 =$ ☐ (싫)

계산 결과에 해당하는 글자를 써넣어
만든 수수께끼의 답은 무엇일까요?

수수께끼

65.1	38.52	14.28	32.8	57.38	19.08	15.75	73.5	31.65	4.98

?

06 (자연수)×(소수)

⊡ 16 × 1.4의 계산

	1	6
×	1 .	4
2	2 .	4

1.4를 곱하니까 곱은 소수 한 자리 수!

⊡ 16 × 0.14의 계산

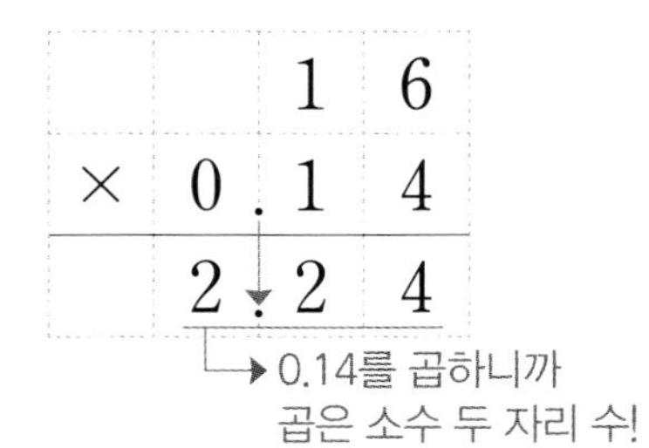

곱의 소수점의 위치는 곱하는 수의 소수점의 위치와 같아요.

✲ 계산을 하시오.

1

	7	1
×	0 .	5

2

		8
×	9 .	1

3

		5	2
×	0 .	1	4

4

	3	1
×	1 .	2

5

	1	2
×	7 .	4

6

		1	5
×	0 .	6	3

7

			9
×	2	1 .	4

8

		2	9
×	2 .	3	5

9

		3	6
×	1 .	1	2

날짜 : 월 일
부모님 확인

✲ 작년 11월의 몸무게를 나타낸 그래프입니다. 학생들의 올해 11월의 몸무게를 구하시오.

〈작년 11월의 몸무게〉

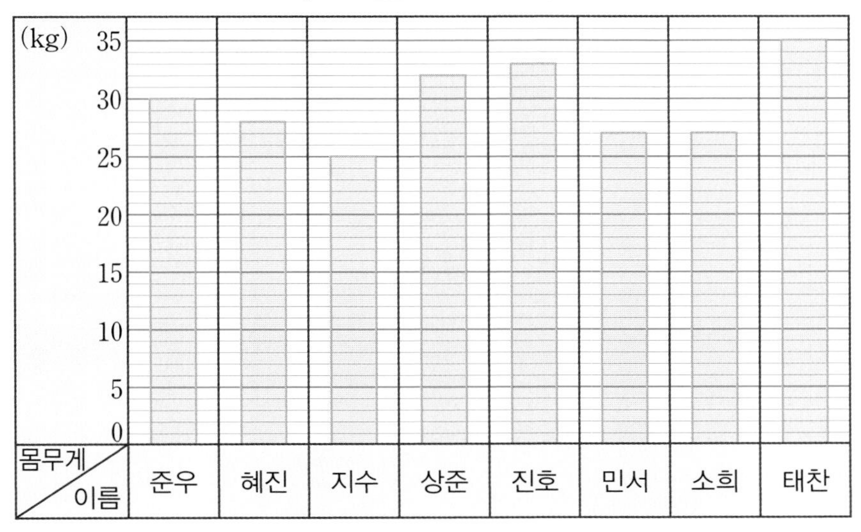

10 준우: 올해 몸무게는 작년의 1.1배예요.

☐ kg

11 혜진: 올해 몸무게는 작년의 1.21배예요.

☐ kg

12 지수: 올해 몸무게는 작년의 1.1배예요.

☐ kg

13 상준: 올해 몸무게는 작년의 1.02배예요.

☐ kg

14 진호: 올해 몸무게는 작년의 1.2배예요.

☐ kg

15 민서: 올해 몸무게는 작년의 1.34배예요.

☐ kg

16 소희: 올해 몸무게는 작년의 1.3배예요.

☐ kg

17 태찬: 올해 몸무게는 작년의 1.25배예요.

☐ kg

집중 연산 A

✲ 빈칸에 두 수의 곱을 써넣으시오.

1

3	0.3

2

7	0.6

3

9	1.4

4

5	0.55

5

12	0.09

6

8	0.72

7

103	0.01

8

47	0.001

9

260	0.01

10

8	6.3

11

13	8.5

12

15	5.6

13

8	5.7

14

25	7.1

15

16	1.36

16

34	2.34

17

21	3.14

18

19	7.02

✲ 빈 곳에 알맞은 수를 써넣으시오.

19

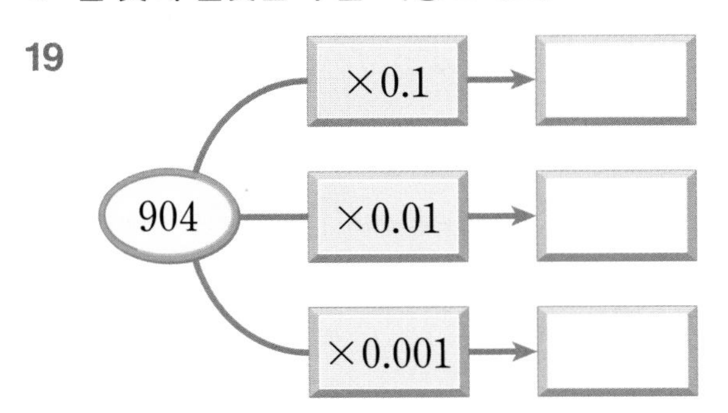

20

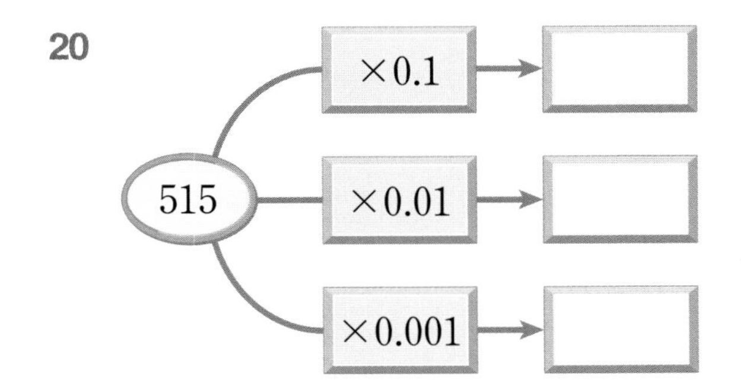

21

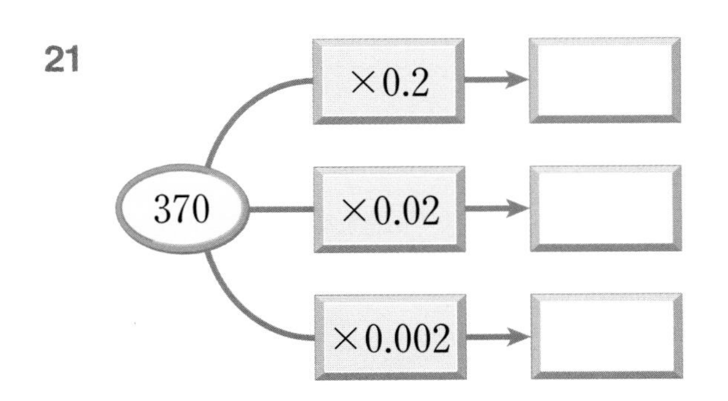

22

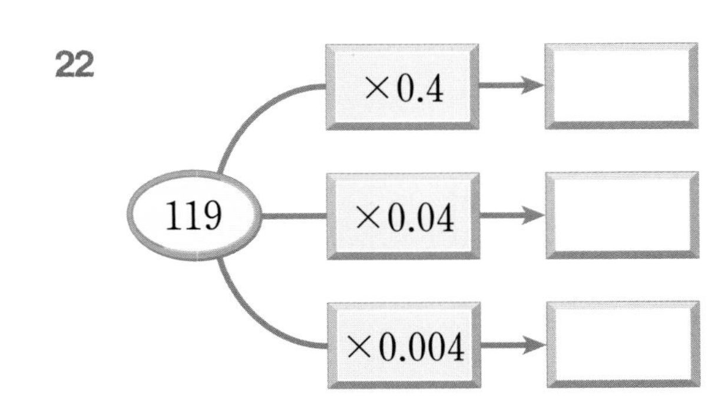

23

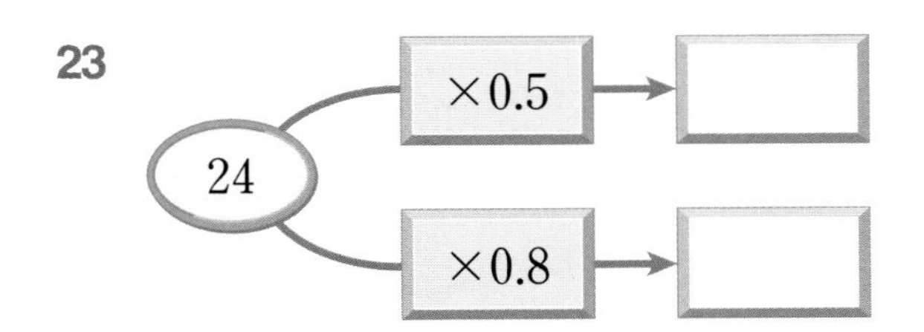

24

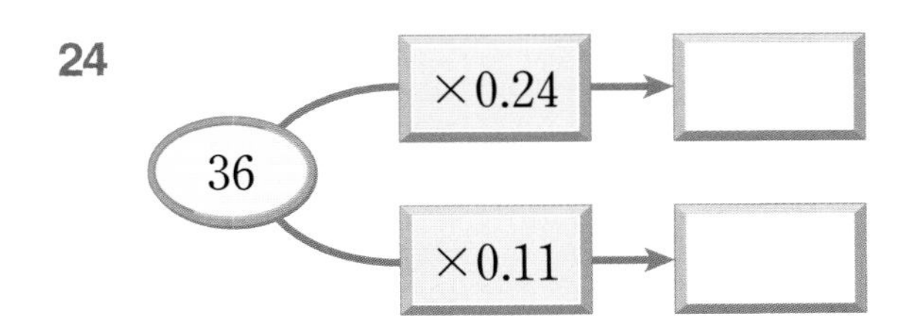

25

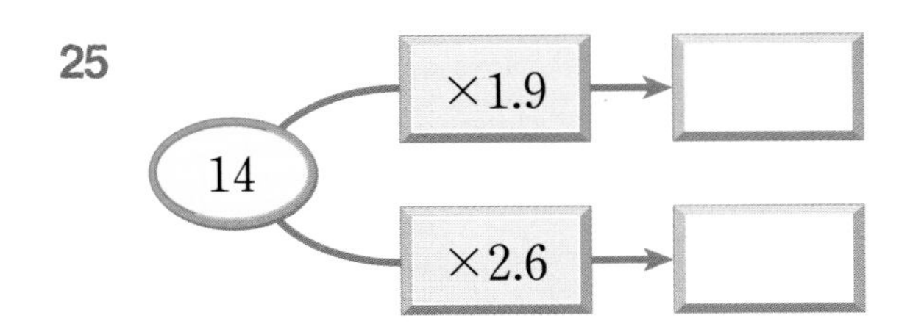

26

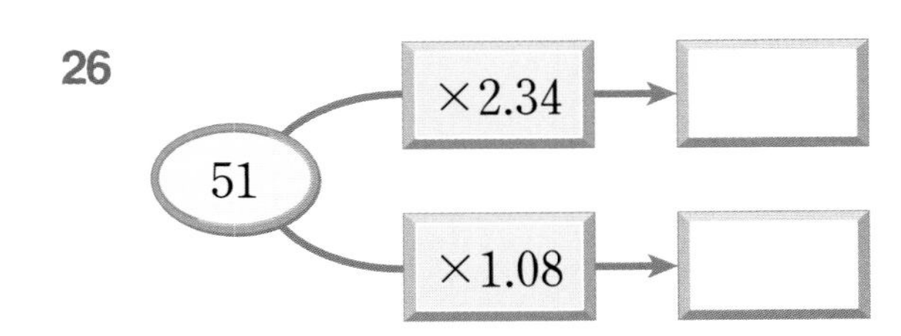

27

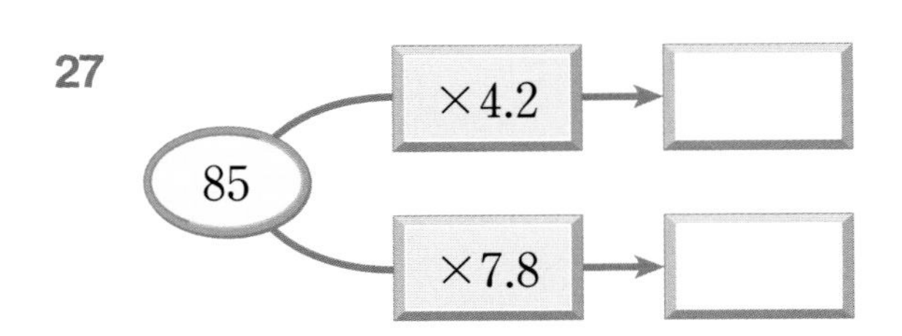

28

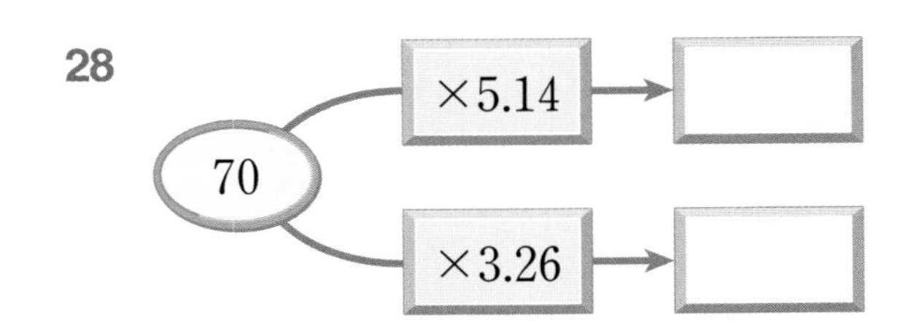

집중 연산 B

✲ 계산을 하시오.

1
$$\begin{array}{r} 6 \\ \times\ 0.4 \\ \hline \end{array}$$

2
$$\begin{array}{r} 18 \\ \times\ 0.8 \\ \hline \end{array}$$

3
$$\begin{array}{r} 23 \\ \times\ 0.6 \\ \hline \end{array}$$

4
$$\begin{array}{r} 8 \\ \times\ 0.49 \\ \hline \end{array}$$

5
$$\begin{array}{r} 5 \\ \times\ 0.27 \\ \hline \end{array}$$

6
$$\begin{array}{r} 27 \\ \times\ 0.85 \\ \hline \end{array}$$

7
$$\begin{array}{r} 3 \\ \times\ 4.1 \\ \hline \end{array}$$

8
$$\begin{array}{r} 2 \\ \times\ 3.2 \\ \hline \end{array}$$

9
$$\begin{array}{r} 7 \\ \times\ 7.5 \\ \hline \end{array}$$

10
$$\begin{array}{r} 4 \\ \times\ 6.08 \\ \hline \end{array}$$

11
$$\begin{array}{r} 7 \\ \times\ 4.45 \\ \hline \end{array}$$

12
$$\begin{array}{r} 9 \\ \times\ 1.16 \\ \hline \end{array}$$

13
$$\begin{array}{r} 21 \\ \times\ 9.5 \\ \hline \end{array}$$

14
$$\begin{array}{r} 66 \\ \times\ 1.02 \\ \hline \end{array}$$

15
$$\begin{array}{r} 54 \\ \times\ 8.12 \\ \hline \end{array}$$

16 8×0.8

17 4×0.09

18 18×0.4

19 81×0.09

20 7×0.14

21 11×0.5

22 21×0.06

23 66×0.3

24 50×2.7

25 3×2.14

26 2×7.2

27 9×1.53

28 44×0.01

29 35×2.4

30 86×0.001

31 31×3.04

6 자릿수가 같은 소수의 곱셈

$$\begin{array}{r} 1.2 \\ \times\ 0.6 \\ \hline 0.72 \end{array}$$

소수 한 자리 수
+
소수 한 자리 수
소수 두 자리 수

학습 내용

- (소수 한 자리 수)×(소수 한 자리 수)
- (소수 두 자리 수)×(소수 두 자리 수)
- 자연수와 소수의 곱셈

01 (1보다 작은 소수 한 자리 수)×(1보다 작은 소수 한 자리 수)

⊙ 0.8×0.4의 계산

	0	. 8
×	0	. 4
0	. 3	2

← 소수 한 자리 수
+
← 소수 한 자리 수
=
← 소수 두 자리 수

① 자연수의 곱셈과 같이 계산해요.
② 곱하는 두 소수의 소수점 아래 자리 수의 합만큼 소수점을 왼쪽으로 옮겨 찍어요.

소수를 분수로 나타내어 계산해도 돼요.

$0.8 \times 0.4 = \frac{8}{10} \times \frac{4}{10}$
$= \frac{32}{100} = 0.32$

✲ 계산을 하시오.

1

	0	. 4
×	0	. 7

2

	0	. 6
×	0	. 9

3

	0	. 7
×	0	. 8

4

	0	. 5
×	0	. 5

5

	0	. 9
×	0	. 3

6

	0	. 3
×	0	. 8

7

	0	. 8
×	0	. 9

8

	0	. 6
×	0	. 5

9

	0	. 9
×	0	. 2

10

	0	. 7
×	0	. 9

11

	0	. 8
×	0	. 5

12

	0	. 8
×	0	. 8

✲ 주어진 높이에서 공을 떨어뜨렸습니다. 공이 처음으로 튀어오른 높이를 구하시오.

13

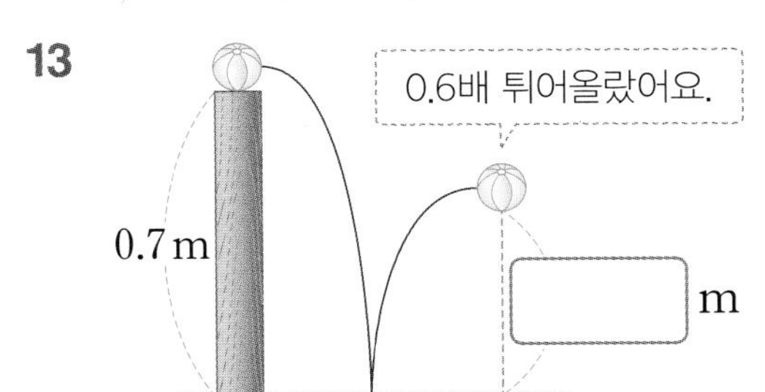

14

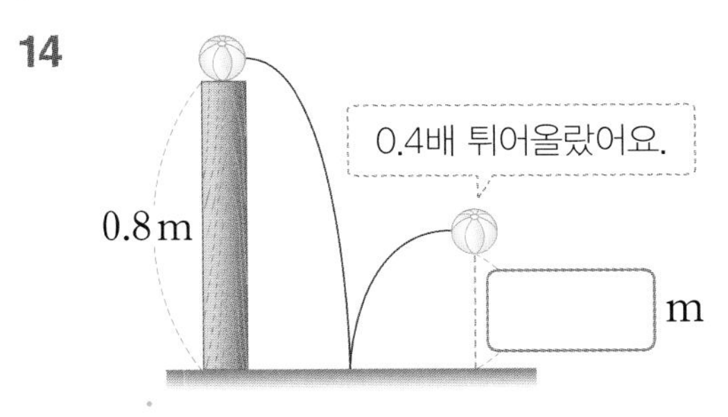

15

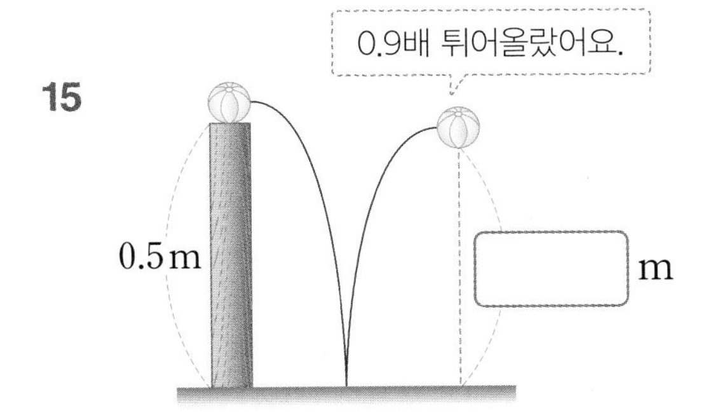

16

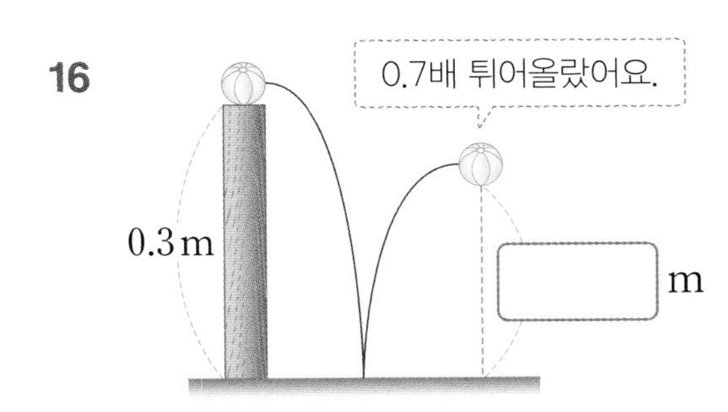

17

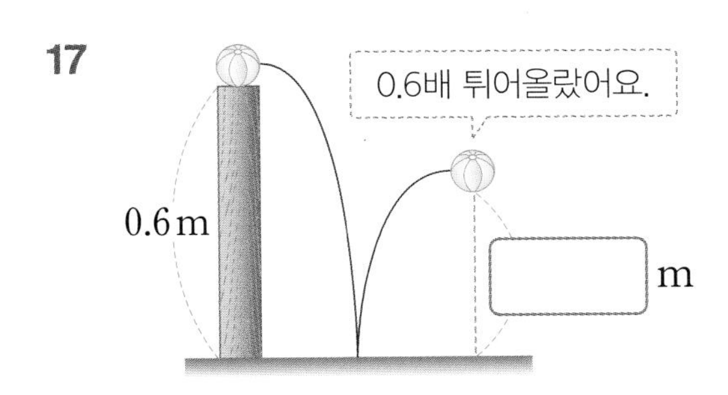

18

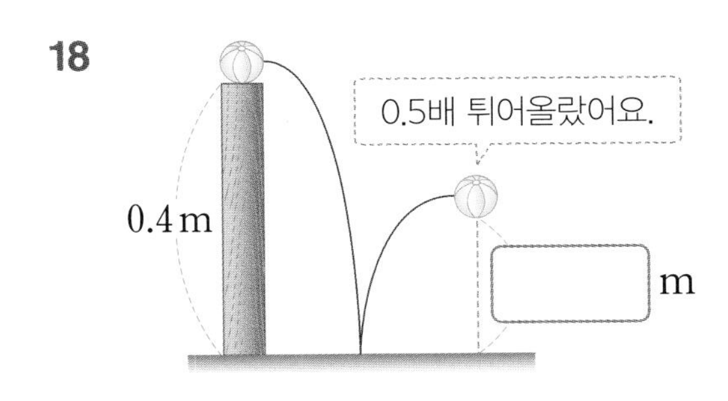

19

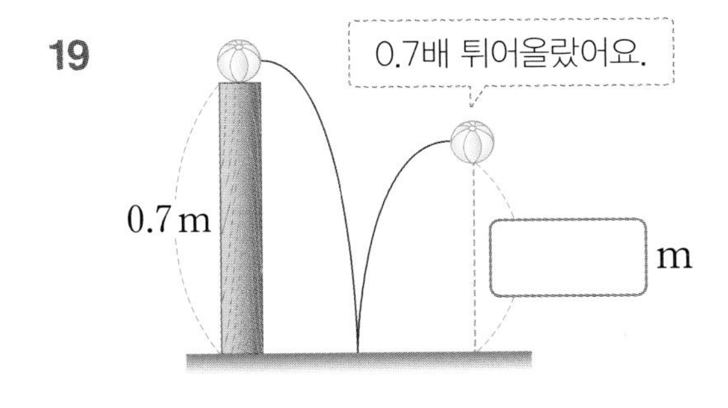

20

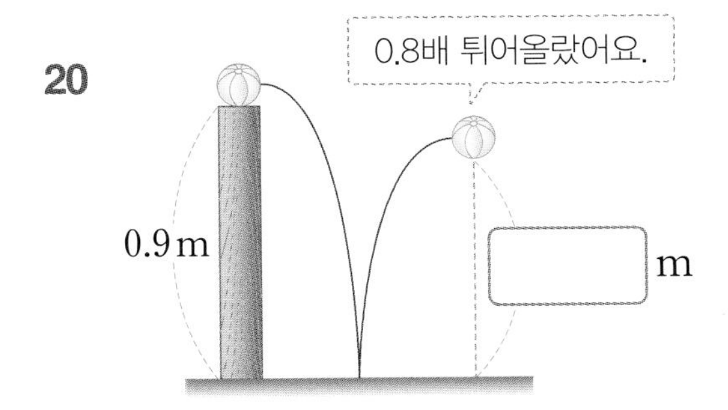

(소수 한 자리 수)×(소수 한 자리 수)

◉ 1.4×0.7의 계산

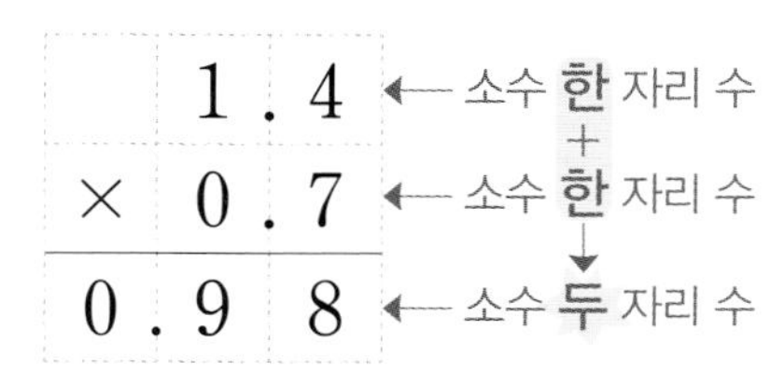

◉ 0.8×1.4의 계산

	0 .	8
×	1 .	4
	3	2
	8	
1 .	1	2

✲ 계산을 하시오.

1

	3 .	8
×	0 .	4

2

	1 .	2
×	0 .	9

3

	6 .	3
×	0 .	6

4

	0 .	7
×	2 .	4

5

	0 .	5
×	4 .	7

6

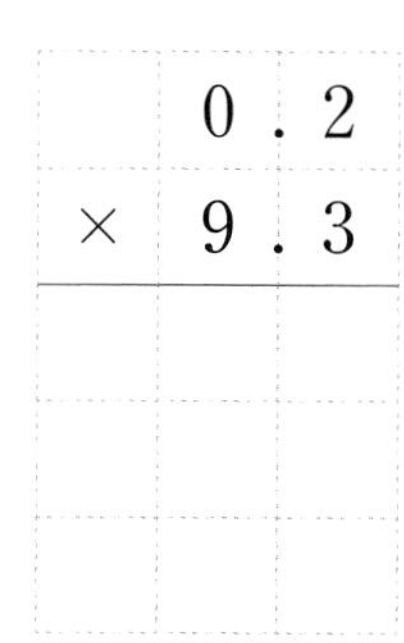

7

	0 .	7
×	8 .	3

8

	0 .	3
×	7 .	7

9

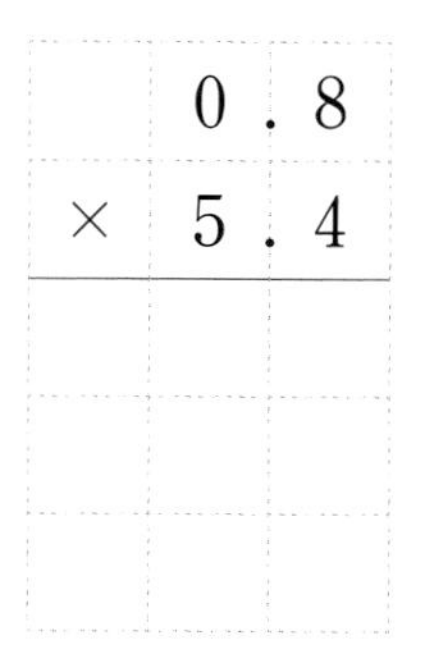

날짜 :　　　월　　　일
부모님 확인

✲ 대화를 보고 고양이의 무게를 구하시오.

10

내 무게는 2.3 kg이야.　　난 너의 0.8배야.

➡ $2.3 \times 0.8 = \square$ (kg)

11

내 무게는 3.5 kg이야.　　난 너의 0.6배야.

➡ $3.5 \times 0.6 = \square$ (kg)

12

내 무게는 4.7 kg이야.　　난 너의 0.3배야.

➡ ______________________ (kg)

13

내 무게는 7.6 kg이야.　　난 너의 0.2배야.

➡ ______________________ (kg)

14

내 무게는 6.9 kg이야.　　난 너의 0.4배야.

➡ ______________________ (kg)

15

내 무게는 5.1 kg이야.　　난 너의 0.9배야.

➡ ______________________ (kg)

16

내 무게는 7.2 kg이야.　　난 너의 0.7배야.

➡ ______________________ (kg)

17

내 무게는 14.4 kg이야.　　난 너의 0.5배야.

➡ ______________________ (kg)

03 (1보다 큰 소수 한 자리 수)×(1보다 큰 소수 한 자리 수)

1.8×2.7의 계산

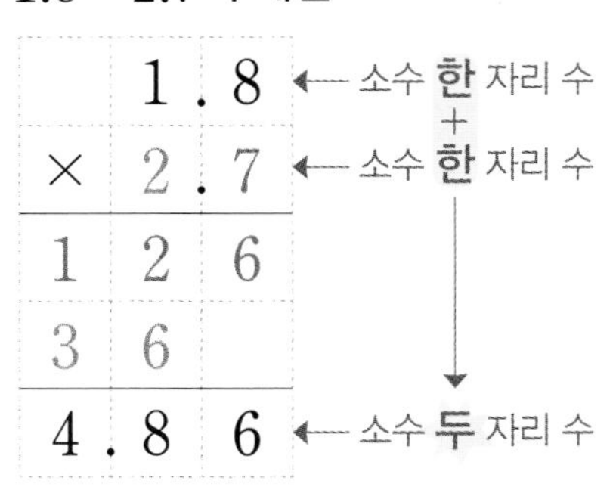

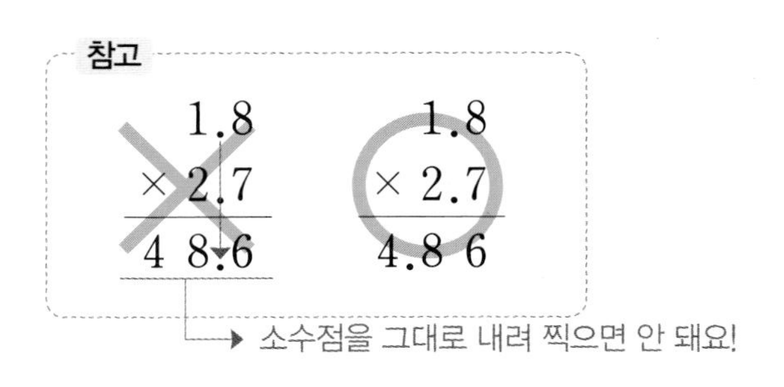

계산을 하시오.

1. 2.6×1.4

2. 3.2×2.3

3. 2.1×6.7

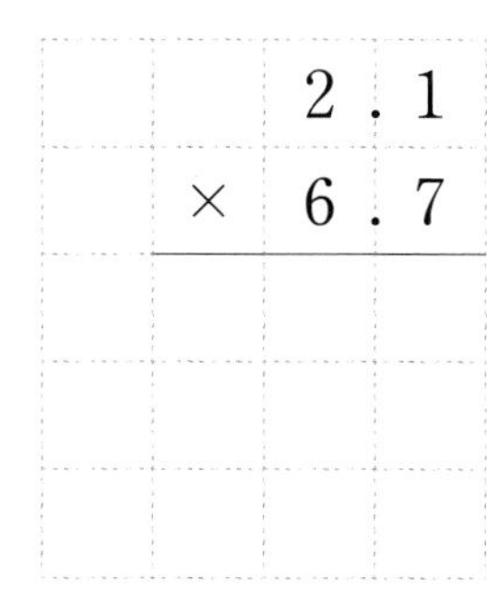

4. 7.2×5.6

5. 8.4×6.7

6. 5.3×2.3

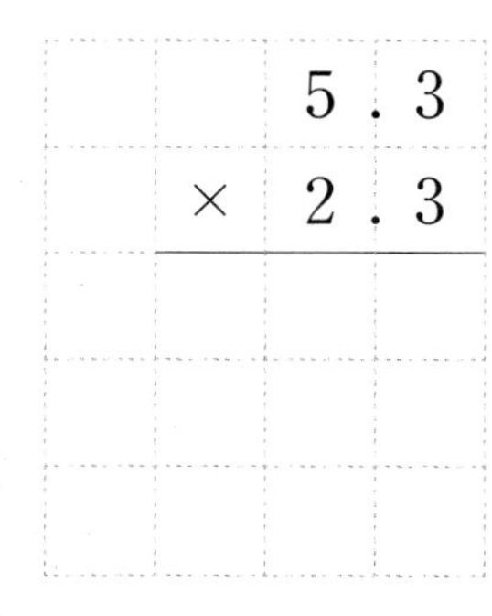

7. 6.2×2.9

8. 7.5×4.8

9. 7.8×3.4

✲ 계산을 하시오.

10 2.3×1.7

11 6.2×3.8

12 7.4×7.5

13 9.8×1.6

14 3.8×4.5

15 2.4×5.6

16 5.1×1.6

17 2.7×2.3

18 4.9×5.6

19 1.9×9.3

계산 결과에 해당하는 칸을
색칠하면 어떤 글자가 보이나요?

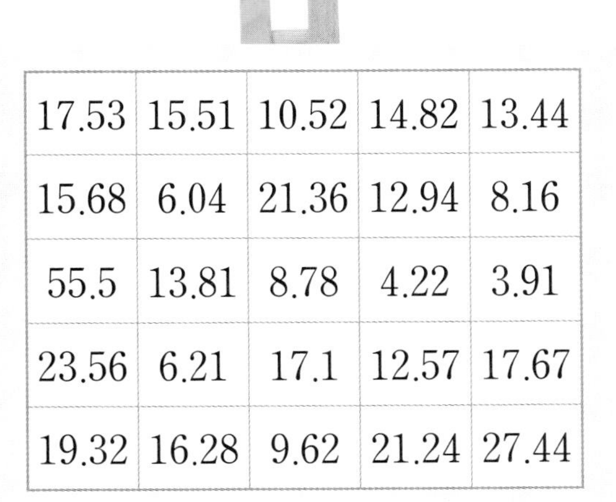

17.53	15.51	10.52	14.82	13.44
15.68	6.04	21.36	12.94	8.16
55.5	13.81	8.78	4.22	3.91
23.56	6.21	17.1	12.57	17.67
19.32	16.28	9.62	21.24	27.44

04 (1보다 작은 소수 두 자리 수)×(1보다 작은 소수 두 자리 수)

0.27 × 0.15의 계산

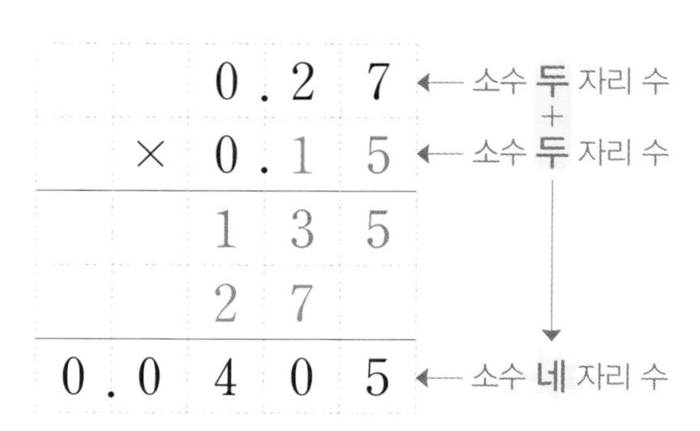

곱하는 두 소수의 소수점 아래 자리 수의 합만큼 소수점을 왼쪽으로 옮겨 찍어요.

✲ 계산을 하시오.

1. 0.38×0.26

2. 0.52×0.17

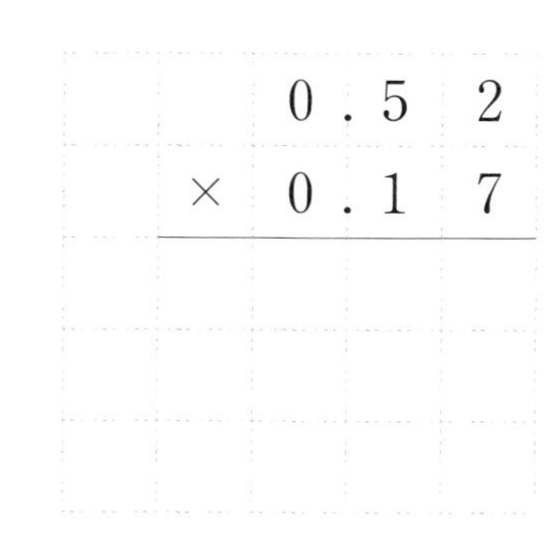

3. 0.26×0.75

4. 0.68×0.14

5. 0.31×0.29

6. 0.45×0.33

7. 0.63×0.42

8. 0.92×0.52

9. 0.55×0.78

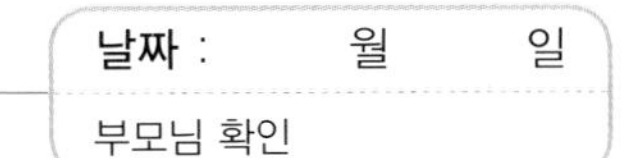

✲ 계산을 하시오.

10 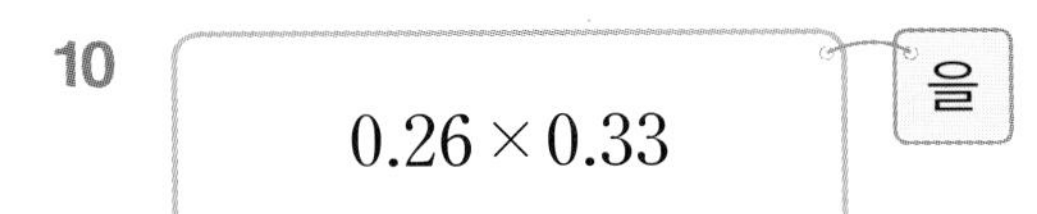

11 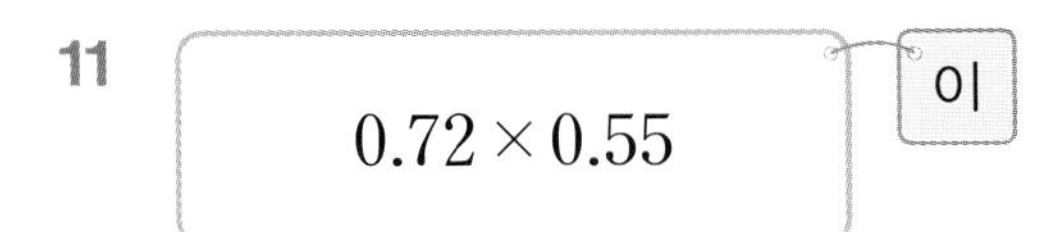

12 0.14×0.82 킨

13 0.34×0.19 적

14 0.92×0.55 많

15 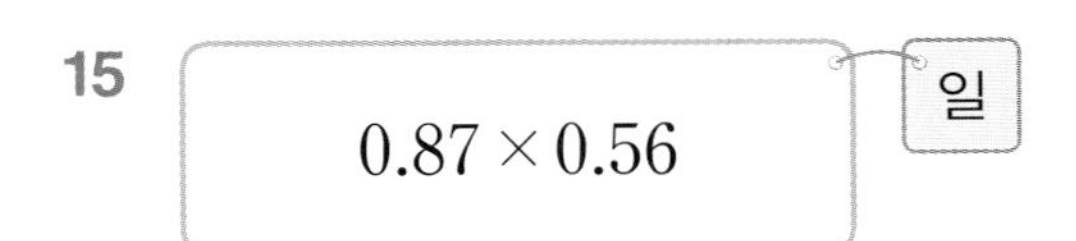

16 0.46×0.27 람

17 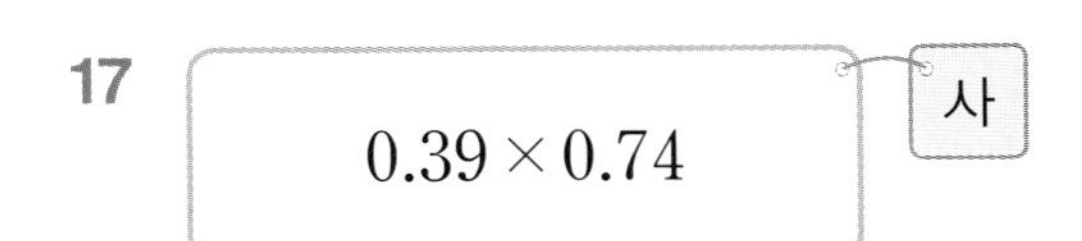

18 0.68×0.24 으

19 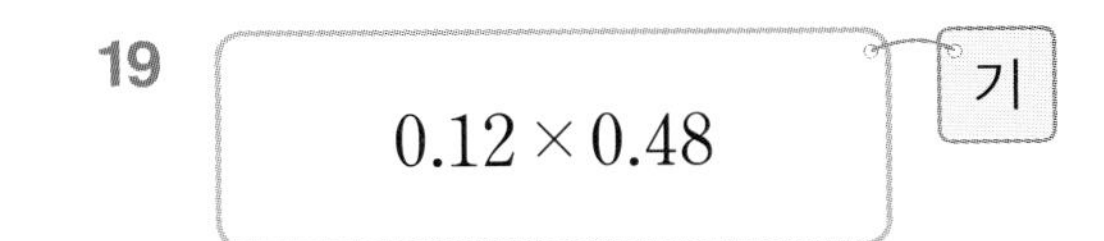

계산 결과에 해당하는 글자를 써넣어 만든 수수께끼의 답은 무엇일까요?

수수께끼

0.0576	0.0646	0.0858

0.506	0.396

0.4872	0.1632	0.1148

0.2886	0.1242

?

05 (소수 두 자리 수)×(소수 두 자리 수)

2.92×0.34의 계산

		2	. 9	2
	×	0	. 3	4
	1	1	6	8
	8	7	6	
0	. 9	9	2	8

(소수 두 자리 수)×(소수 두 자리 수)=(소수 네 자리 수)

분수로 나타내어 계산할 수도 있어요.

$$2.92 \times 0.34 = \frac{292}{100} \times \frac{34}{100} = \frac{9928}{10000} = 0.9928$$

계산을 하시오.

1

		6	. 1	2
	×	0	. 5	8

2

		4	. 0	3
	×	0	. 3	5

3

		5	. 7	3
	×	0	. 2	8

4

		4	. 7	9
	×	0	. 6	4

5

		2	. 8	5
	×	0	. 9	6

6

		2	. 7	7
	×	0	. 3	2

7

		0	. 5	4
	×	8	. 5	6

8

		0	. 1	2
	×	9	. 6	8

9

		0	. 8	7
	×	4	. 5	4

날짜 : 월 일

부모님 확인

✲ 계산을 하시오.

10 해 2.52×0.63

11 남 0.47×3.24

12 은 3.84×0.74

13 서 0.72×5.58

14 주 1.72×0.53

15 공 0.42×6.09

16 부 8.21×0.28

17 사 0.96×7.21

18 는 4.78×0.66

19 람 8.74×0.37

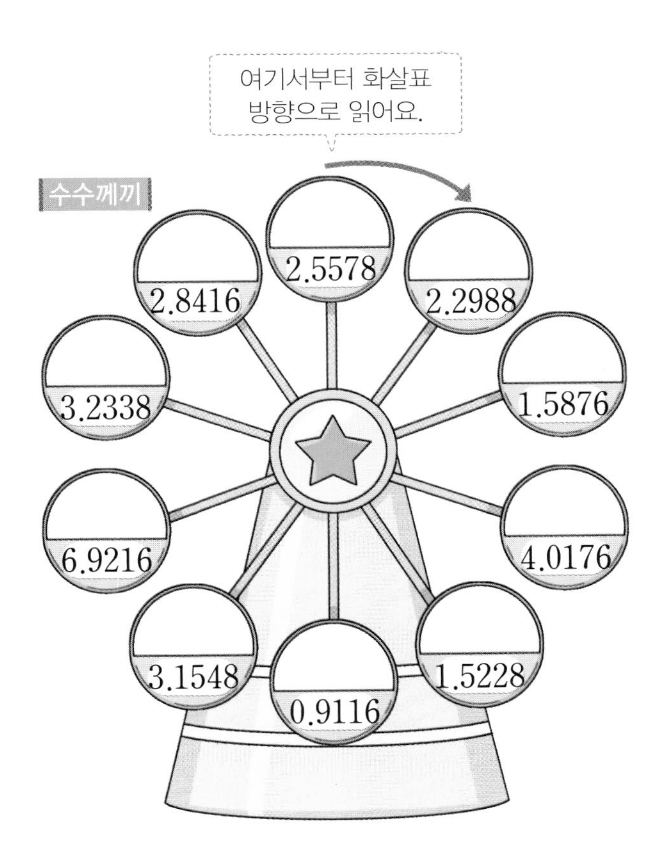

계산 결과에 해당하는 글자를 써넣어 만든 수수께끼의 답은 무엇일까요?

06 (1보다 큰 소수 두 자리 수)×(1보다 큰 소수 두 자리 수)

1.25×3.15의 계산

		1 .	2	5 ← 소수 두 자리 수
	×	3 .	1	5 ← 소수 두 자리 수
		6	2	5
	1	2	5	
3	7	5		
3 .	9	3	7	5 ← 소수 네 자리 수

보기

$125 \times 315 = 39375$

➡ $1.25 \times 3.15 = 3.9375$

(소수 두 자리 수)×(소수 두 자리 수) =(소수 네 자리 수)

✲ 계산을 하시오.

1

$$\begin{array}{r} 2.67 \\ \times\ 1.24 \\ \hline \end{array}$$

2

$$\begin{array}{r} 3.03 \\ \times\ 1.15 \\ \hline \end{array}$$

3

$$\begin{array}{r} 1.96 \\ \times\ 2.37 \\ \hline \end{array}$$

4

$$\begin{array}{r} 4.87 \\ \times\ 2.21 \\ \hline \end{array}$$

5

$$\begin{array}{r} 5.16 \\ \times\ 6.83 \\ \hline \end{array}$$

6

$$\begin{array}{r} 6.95 \\ \times\ 1.58 \\ \hline \end{array}$$

날짜 : 월 일

부모님 확인

✲ 계산을 하시오.

7 
4.74×6.62

8 
8.27×3.52

9 
5.39×4.88

10 3.22×4.15

11 6.53×2.08

12 8.51×1.96

13 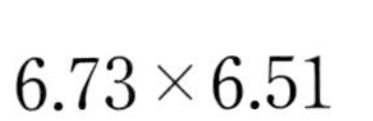
6.73×6.51

14 9.24×4.29

15 7.57×5.62

16 4.52×6.27

07 자연수와 소수의 곱셈 (1)

$0.7 \times 6 \times 0.4$의 계산

$0.7 \times 6 \times 0.4 = 1.68$

4.2

1.68

보기

세 자연수의 곱셈을 계산하고 곱하는 세 수의 소수점 아래 자리 수의 합만큼 소수점을 찍어도 돼요.

$7 \times 6 \times 4 = 168$

➡ $0.7 \times 6 \times 0.4 = 1.68$

✲ 계산을 하시오.

1 $0.3 \times 5 \times 0.5 = \square$

2 $0.62 \times 9 \times 0.25 = \square$

3 $0.7 \times 2 \times 0.4$

4 $0.41 \times 4 \times 0.35$

5 $0.3 \times 8 \times 0.7$

6 $0.63 \times 2 \times 0.45$

7 $0.4 \times 7 \times 0.9$

8 $0.87 \times 5 \times 0.68$

✲ 도형에 적힌 수를 보고 곱을 구하시오.

9

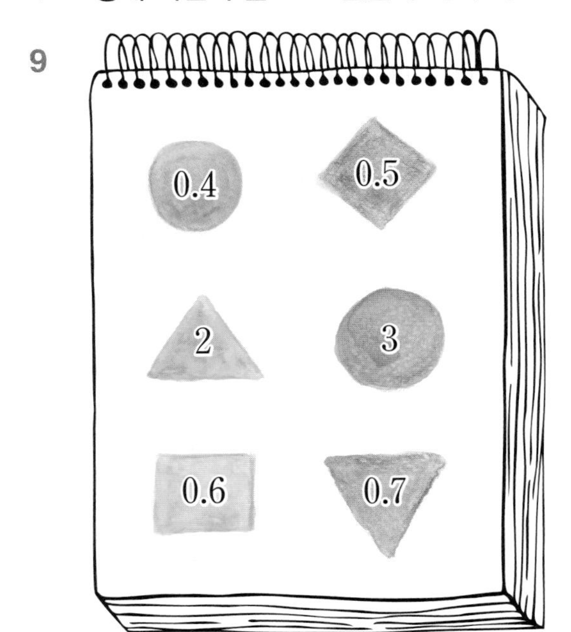

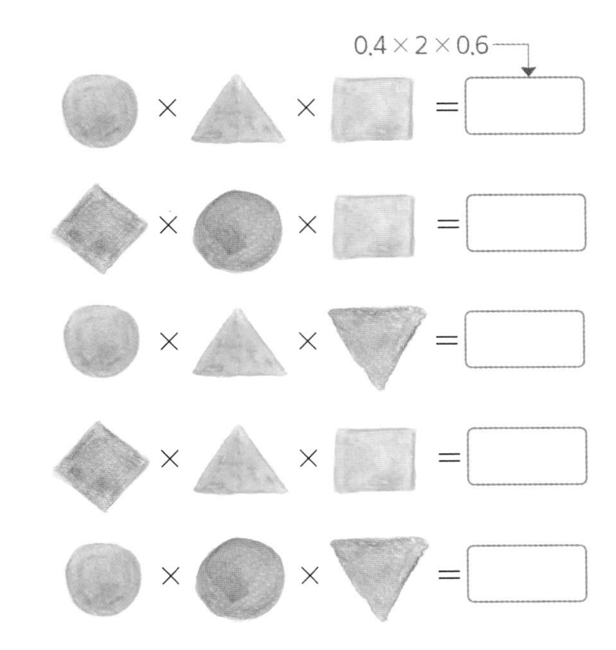

10

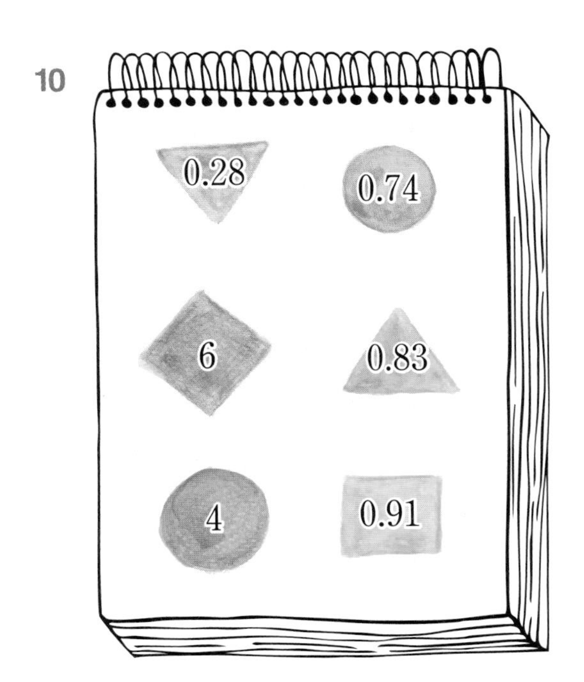

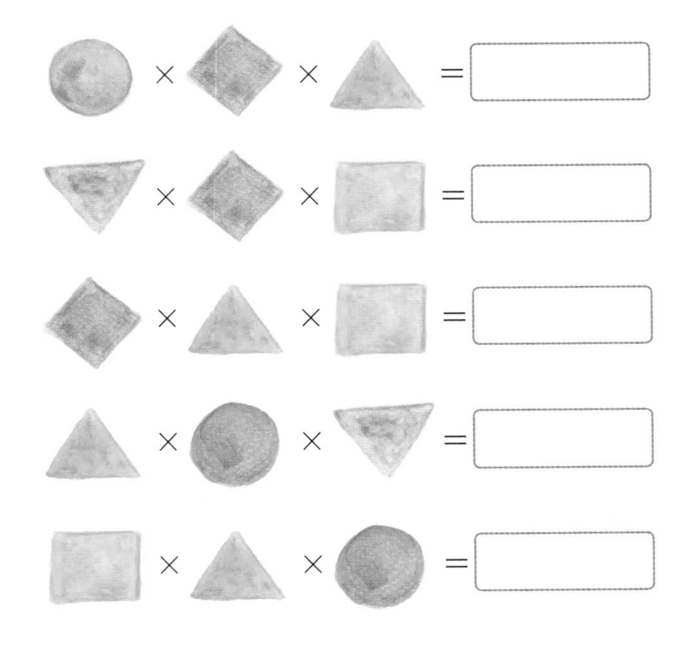

자연수와 소수의 곱셈 (2)

$1.4 \times 3 \times 2.7$의 계산

소수 한 자리 수 / 소수 두 자리 수

$$1.4 \times 3 \times 2.7 = 11.34$$

$1.4 \times 3 = 4.2$, $4.2 \times 2.7 = 11.34$

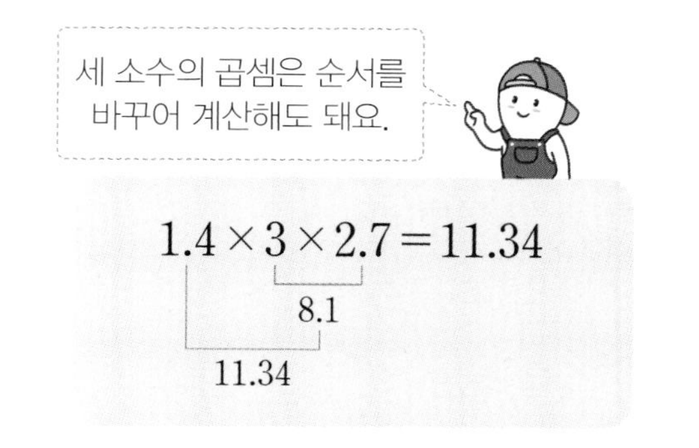

$$1.4 \times 3 \times 2.7 = 11.34$$

$3 \times 2.7 = 8.1$, $1.4 \times 8.1 = 11.34$

✲ 계산을 하시오.

1 $3.2 \times 4 \times 1.6 =$ ☐

2 $2.81 \times 2 \times 6.05 =$ ☐

3 $8.7 \times 6 \times 5.5$

4 $5.34 \times 3 \times 0.15$

5 $6.3 \times 5 \times 3.4$

6 $7.22 \times 8 \times 0.21$

7 $1.6 \times 4 \times 2.7$

8 $3.85 \times 5 \times 5.24$

날짜 : 월 일
부모님 확인

✲ 계산을 하여 곱이 더 큰 식의 글자에 ○표 하시오.

9

$2.2 \times 7 \times 1.6$ 오

$6.3 \times 2 \times 1.7$ 삼

10

$5.61 \times 2 \times 4.23$ 유

$3.93 \times 7 \times 1.26$ 경

11

$3.3 \times 6 \times 2.4$ 지

$9.4 \times 3 \times 2.5$ 반

12

$2.85 \times 5 \times 5.18$ 교

$8.43 \times 3 \times 3.59$ 포

13

$3.6 \times 3 \times 6.3$ 언

$6.2 \times 7 \times 1.7$ 지

14

$4.71 \times 8 \times 2.62$ 효

$3.85 \times 5 \times 4.64$ 성

○표 한 글자를 번호대로 빈칸에 써넣으면 자식이 부모의 은혜에 보답함을 뜻하는 고사성어가 나와요.

9	10	11	12	13	14

집중 연산 A

✲ 두 소수의 곱을 구하여 위의 칸에 알맞게 써넣으시오.

1

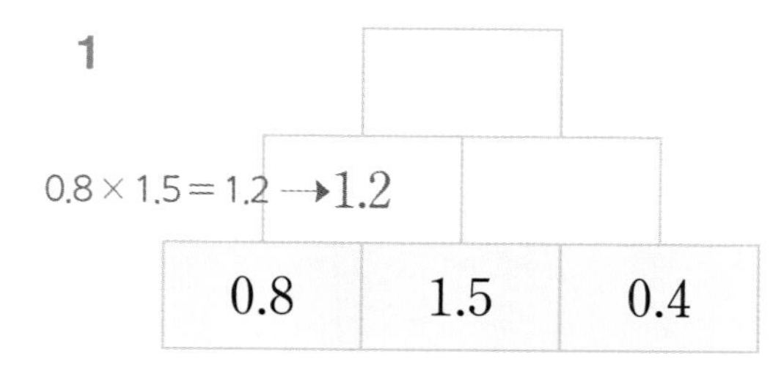

2

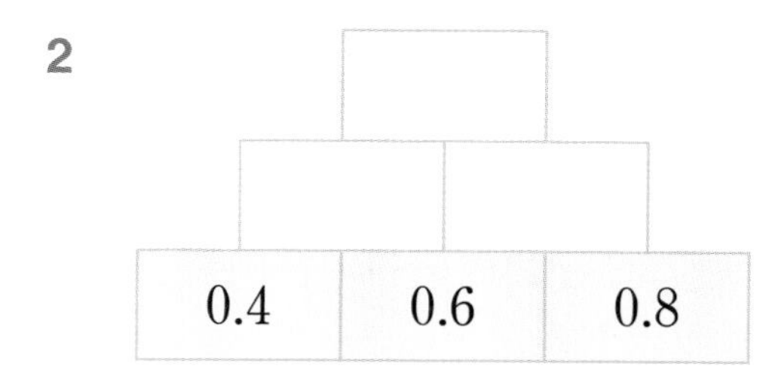

3

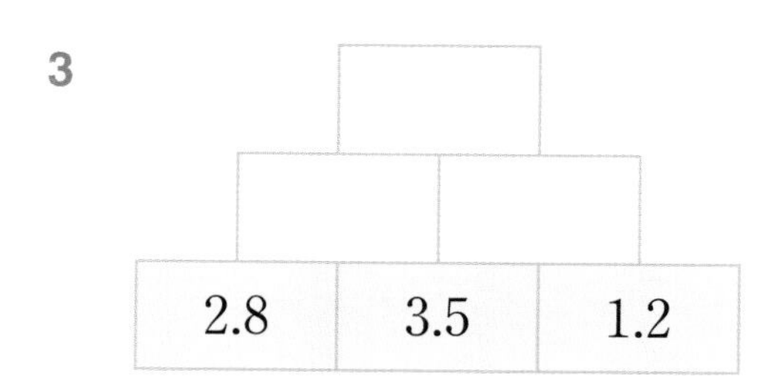

4

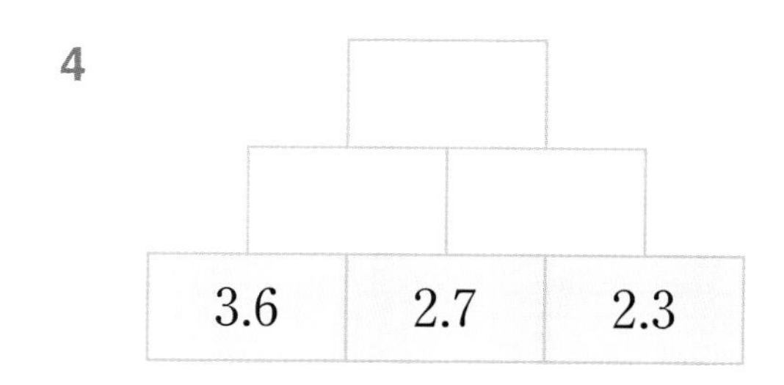

5

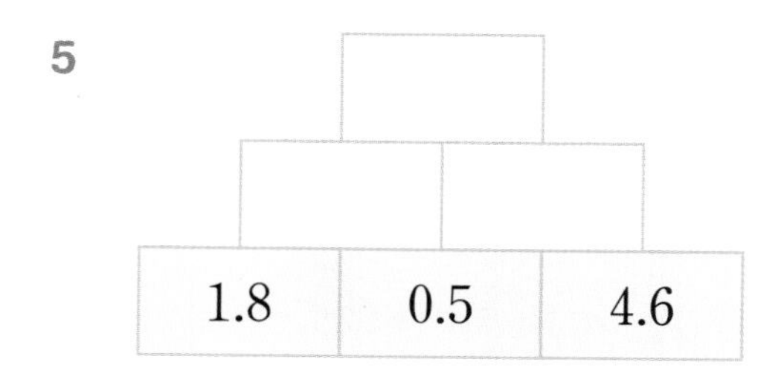

6

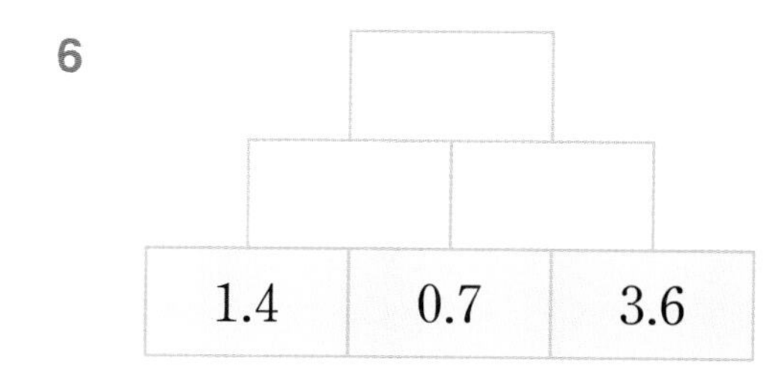

7

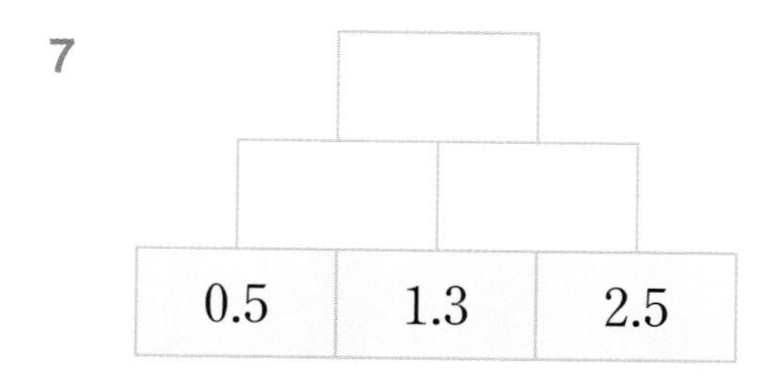

8

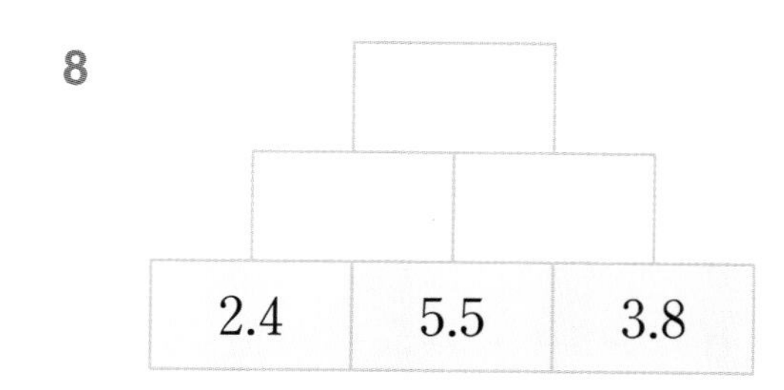

사다리 타기를 하여 빈 곳에 알맞은 계산 결과를 써넣으시오.

9

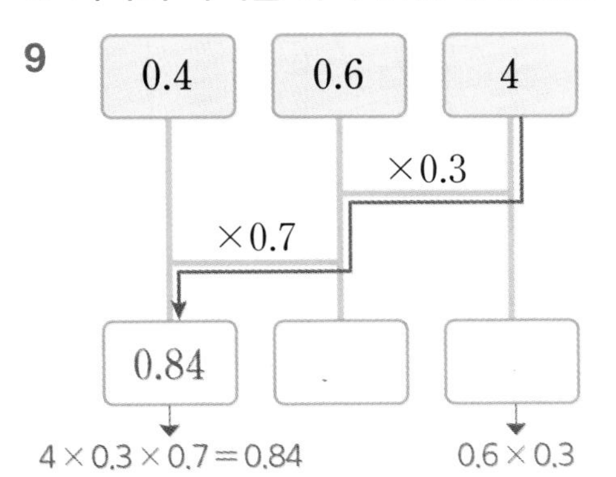

10

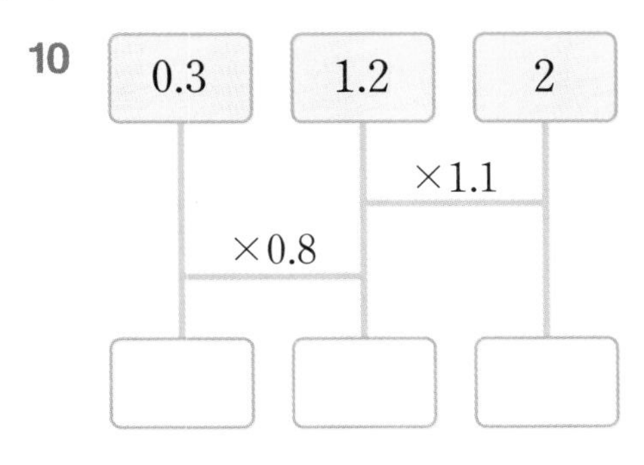

11

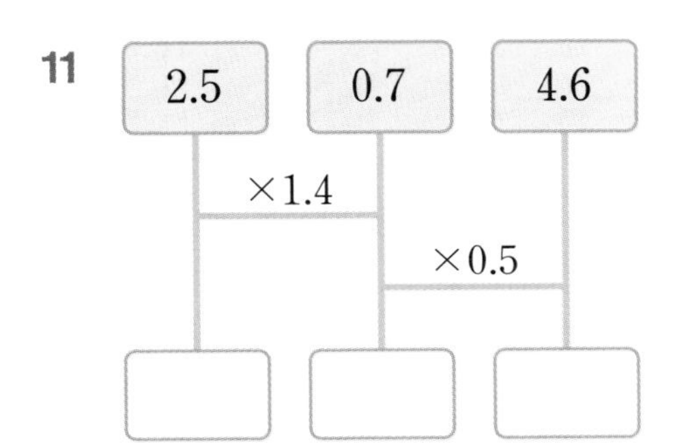

12

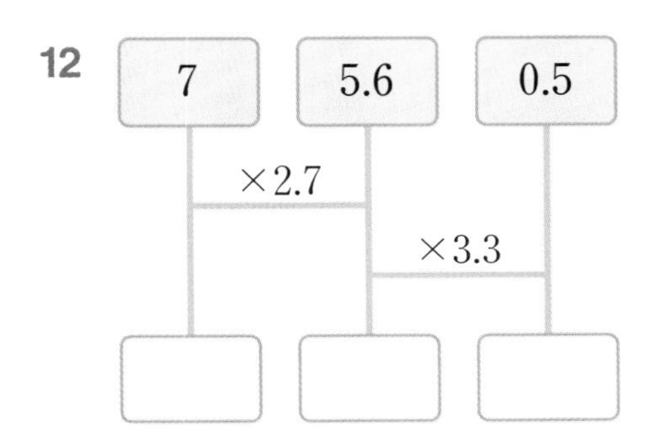

13

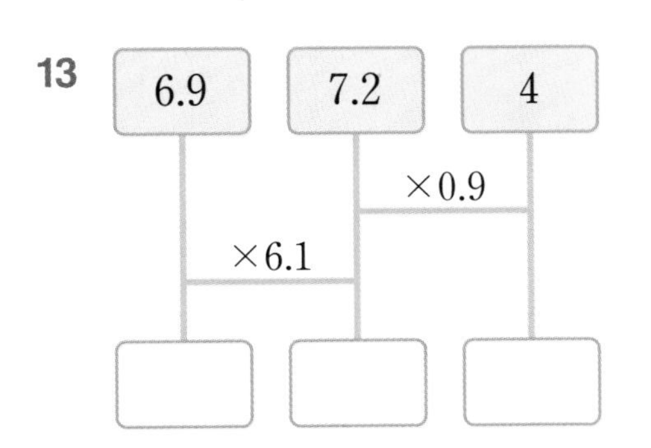

14

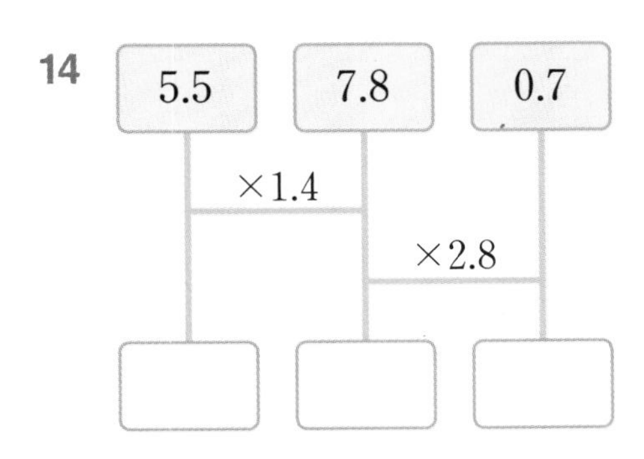

집중 연산 B

계산을 하시오.

1
$$\begin{array}{r} 0.7 \\ \times\ 0.7 \\ \hline \end{array}$$

2
$$\begin{array}{r} 2.7 \\ \times\ 0.8 \\ \hline \end{array}$$

3
$$\begin{array}{r} 0.9 \\ \times\ 8.2 \\ \hline \end{array}$$

4
$$\begin{array}{r} 4.6 \\ \times\ 0.7 \\ \hline \end{array}$$

5
$$\begin{array}{r} 2.8 \\ \times\ 8.2 \\ \hline \end{array}$$

6
$$\begin{array}{r} 3.5 \\ \times\ 4.8 \\ \hline \end{array}$$

7
$$\begin{array}{r} 7.3 \\ \times\ 4.9 \\ \hline \end{array}$$

8
$$\begin{array}{r} 0.12 \\ \times\ 0.54 \\ \hline \end{array}$$

9
$$\begin{array}{r} 0.48 \\ \times\ 0.73 \\ \hline \end{array}$$

10
$$\begin{array}{r} 0.24 \\ \times\ 0.16 \\ \hline \end{array}$$

11
$$\begin{array}{r} 0.39 \\ \times\ 3.26 \\ \hline \end{array}$$

12
$$\begin{array}{r} 5.45 \\ \times\ 0.28 \\ \hline \end{array}$$

13
$$\begin{array}{r} 2.71 \\ \times\ 1.89 \\ \hline \end{array}$$

14
$$\begin{array}{r} 3.36 \\ \times\ 8.25 \\ \hline \end{array}$$

15
$$\begin{array}{r} 5.27 \\ \times\ 1.63 \\ \hline \end{array}$$

16 0.3×0.8

17 0.8×5.7

18 6.9×0.3

19 1.7×2.7

20 9.6×6.9

21 0.52×0.45

22 0.48×1.27

23 3.63×0.29

24 5.07×1.14

25 3.92×4.57

26 $0.7 \times 8 \times 3.5$

27 $0.45 \times 3 \times 0.56$

28 $4.7 \times 6 \times 2.3$

29 $1.22 \times 2 \times 7.54$

7 자릿수가 다른 소수의 곱셈

학습 내용

- (소수 두 자리 수)×(소수 한 자리 수)
- (소수 한 자리 수)×(소수 두 자리 수)
- 1보다 작은 세 소수의 곱셈
- 1보다 큰 세 소수의 곱셈

(1보다 작은 소수 두 자리 수)×(1보다 작은 소수 한 자리 수)

0.36×0.3의 계산

	0	. 3	6
×		0	. 3
0	. 1	0	8

- 0.36 ← 소수 두 자리 수
- \+ 0.3 ← 소수 한 자리 수
- = 0.108 ← 소수 세 자리 수

① 자연수의 곱셈과 같이 계산합니다.
② 곱하는 두 소수의 소수점 아래 자리 수의 합만큼 소수점을 왼쪽으로 옮겨 찍어요.

참고

오른쪽 끝을 맞추어 세로셈을 써요.

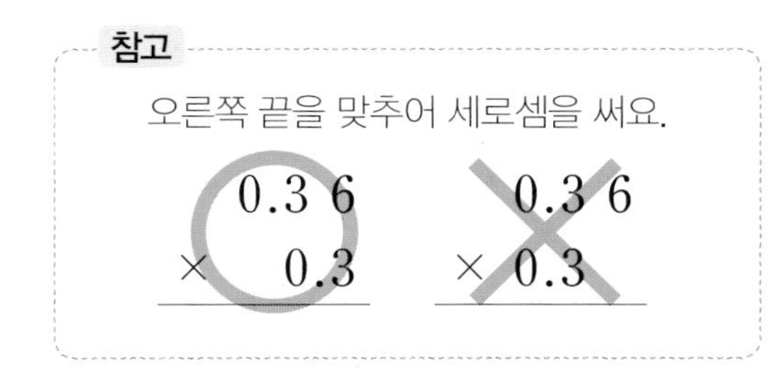

계산을 하시오.

1

$$\begin{array}{r} 0.03 \\ \times\ 0.5 \\ \hline \end{array}$$

2

$$\begin{array}{r} 0.11 \\ \times\ 0.5 \\ \hline \end{array}$$

3

$$\begin{array}{r} 0.21 \\ \times\ 0.5 \\ \hline \end{array}$$

4

$$\begin{array}{r} 0.07 \\ \times\ 0.6 \\ \hline \end{array}$$

5

$$\begin{array}{r} 0.33 \\ \times\ 0.6 \\ \hline \end{array}$$

6

$$\begin{array}{r} 0.62 \\ \times\ 0.6 \\ \hline \end{array}$$

7

$$\begin{array}{r} 0.02 \\ \times\ 0.8 \\ \hline \end{array}$$

8

$$\begin{array}{r} 0.74 \\ \times\ 0.8 \\ \hline \end{array}$$

9

$$\begin{array}{r} 0.49 \\ \times\ 0.8 \\ \hline \end{array}$$

10

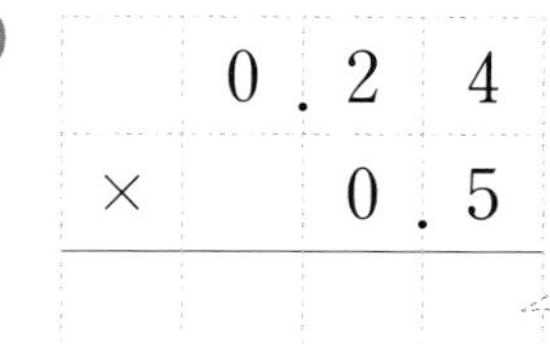

$$\begin{array}{r} 0.24 \\ \times\ 0.5 \\ \hline \end{array}$$

소수점 아래 마지막 0은 생략할 수 있어요.

11

$$\begin{array}{r} 0.36 \\ \times\ 0.6 \\ \hline \end{array}$$

12

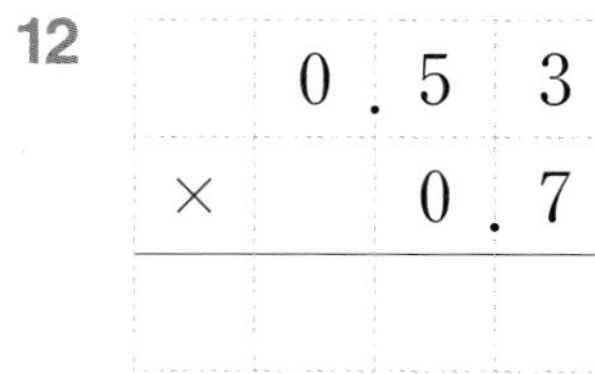

$$\begin{array}{r} 0.53 \\ \times\ 0.7 \\ \hline \end{array}$$

✲ 다음은 물통의 전체 들이를 나타낸 것입니다. 각 물통에 담긴 물의 양을 구하시오.

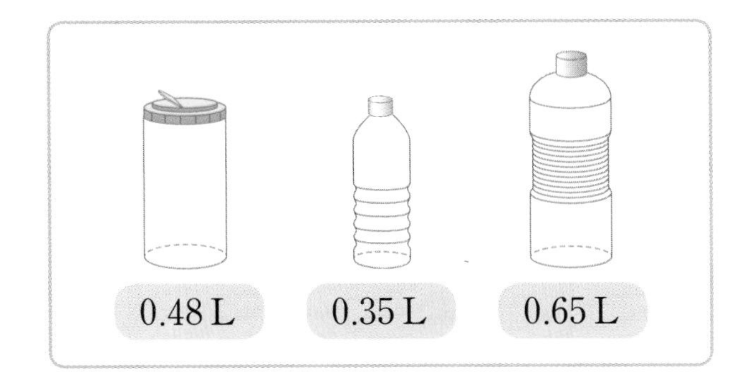

13

	0	. 3	5
×		0	. 6

← 물통의 전체 들이

(L)

14

15

16

17

18

19

(1보다 작은 소수 한 자리 수)×(1보다 작은 소수 두 자리 수)

0.6×0.04의 계산

$$6 \times 4 = 24$$

➡ $0.6 \times 0.04 = 0.024$

(소수 한 자리 수) (소수 두 자리 수) (소수 세 자리 수)

＋

곱하는 두 소수의 소수점 아래 자리 수의 합만큼 소수점을 왼쪽으로 옮겨요.

✲ 계산을 하시오.

1 $3 \times 5 = 15$

➡ $0.3 \times 0.05 = \square$

2 $4 \times 2 = 8$

➡ $0.4 \times 0.02 = \square$

3 $2 \times 9 = 18$

➡ $0.2 \times 0.09 = \square$

4 $3 \times 15 = 45$

➡ $0.3 \times 0.15 = \square$

5 $6 \times 11 = 66$

➡ $0.6 \times 0.11 = \square$

6 $7 \times 24 = 168$

➡ $0.7 \times 0.24 = \square$

7 $9 \times 3 = \square$

➡ $0.9 \times 0.03 = \square$

8 $4 \times 22 = \square$

➡ $0.4 \times 0.22 = \square$

9 $4 \times 31 = \square$

➡ $0.4 \times 0.31 = \square$

10 $2 \times 81 = \square$

➡ $0.2 \times 0.81 = \square$

✲ 사탕 가게에서 행사 중입니다. 더 받게 되는 사탕의 양을 구하시오.

11

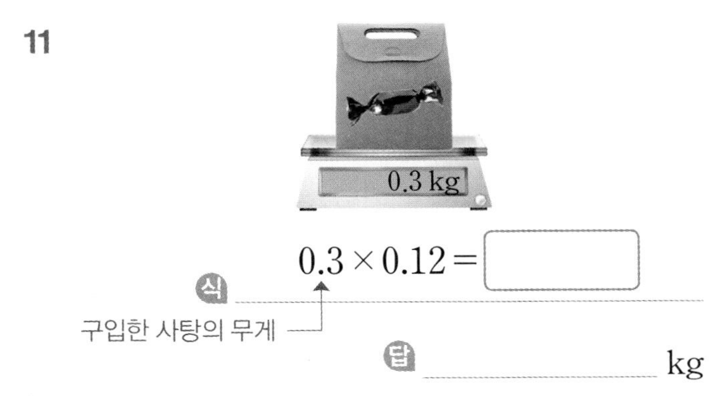

식 $0.3 \times 0.12 =$ □

구입한 사탕의 무게

답 ______ kg

12

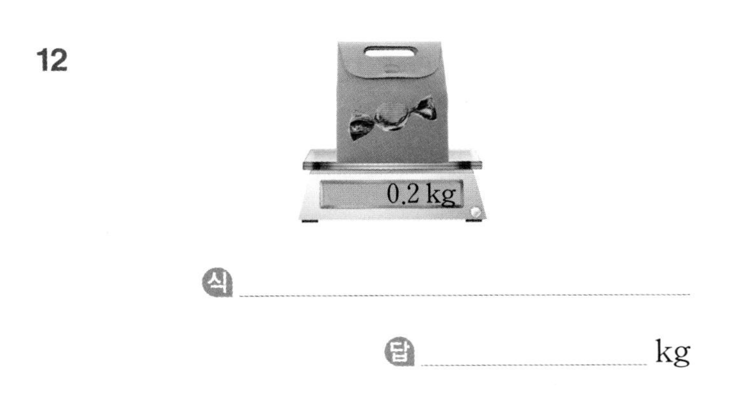

식 ______

답 ______ kg

13

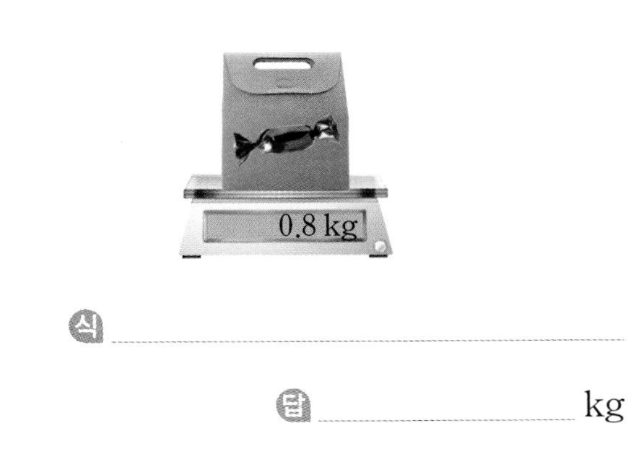

식 ______

답 ______ kg

14

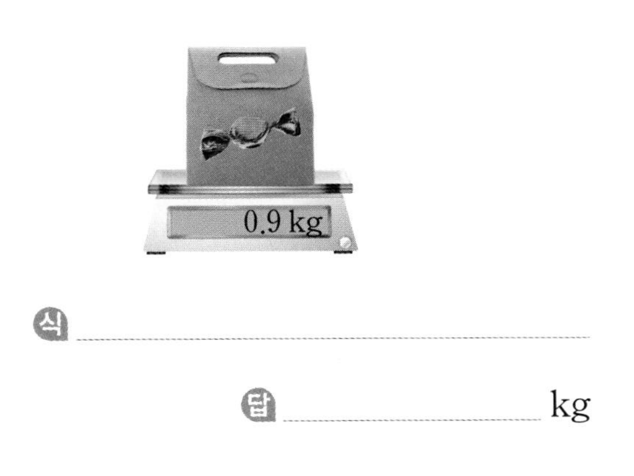

식 ______

답 ______ kg

15

식 ______

답 ______ kg

16

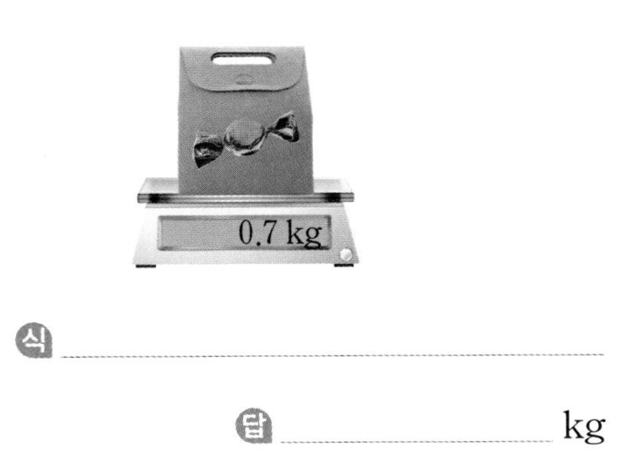

식 ______

답 ______ kg

17

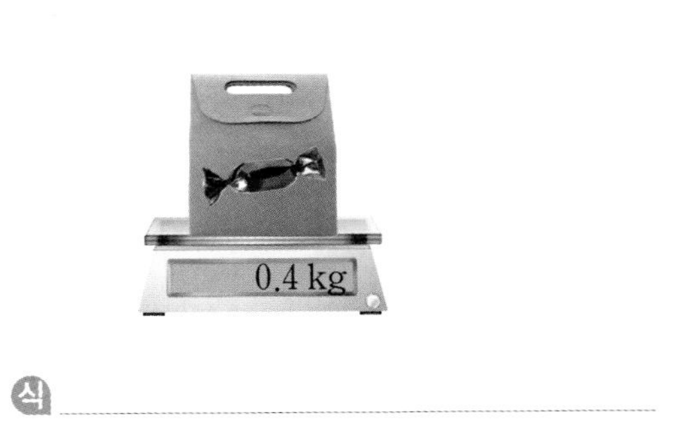

식 ______

답 ______ kg

(소수 두 자리 수)×(소수 한 자리 수)

0.56×1.2의 계산

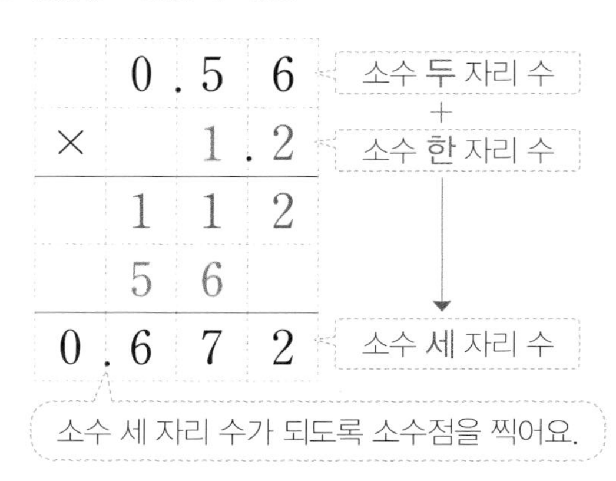

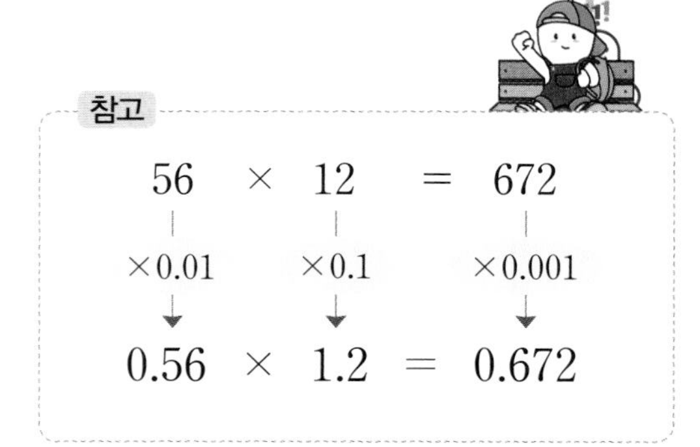

계산을 하시오.

1. 1.26×0.4

2. 1.52×0.7

3. 2.58×0.3

4. 3.14×0.3

5. 4.21×0.6

6. 5.32×0.7

7. 0.27×4.2

8. 0.45×2.8

9. 0.67×3.5

✲ 계산을 하시오.

10 (D) 1.28×0.6

11 (A) 0.79×1.9

12 (R) 2.27×0.3

13 (E) 0.68×3.1

14 (B) 3.71×0.4

15 (T) 0.91×1.8

16 (I) 2.95×0.8

17 (R) 0.34×5.2

18 (B) 4.06×0.5

계산 결과에
해당하는 알파벳을
써넣으면 내가 꾸민
알을 알 수 있어요.
내가 꾸민 알은
몇 번일까요?

1.768	2.108	0.768

,

0.681	1.501	1.484	2.03	2.36	1.638

04 (소수 한 자리 수)×(소수 두 자리 수)

⊡ 2.3×0.34의 계산

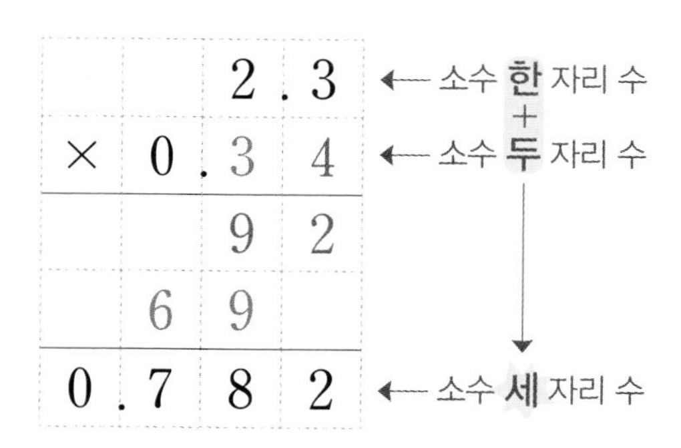

⊡ 0.6×2.47의 계산

		0 .	6
×	2 .	4	7
		4	2
	2	4	
1	2		
1 .	4	8	2

계산을 하고
소수점까지 바르게
찍어야 계산이 끝나요.

✲ 계산을 하시오.

1 1.2×0.54

2 2.4×0.39

3 5.3×0.43

4 4.4×0.27

5 3.6×0.45

6 6.8×0.29

7 0.2×1.38

8 0.4×3.16

9 0.5×2.88

날짜 : 월 일
부모님 확인

✲ 계산을 하시오.

10 $0.2 \times 1.15 =$ ☐

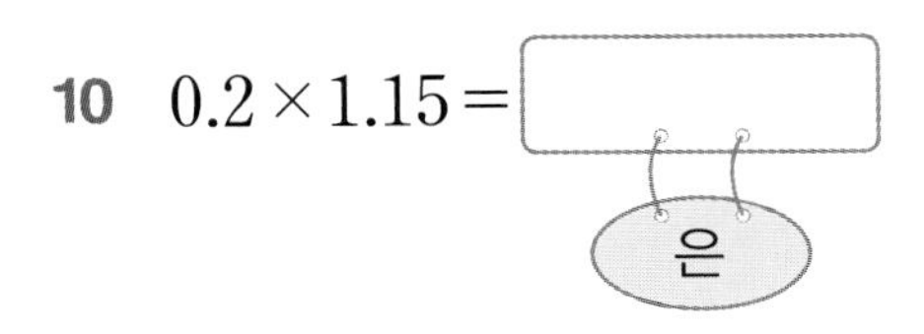

11 $3.4 \times 0.25 =$ ☐

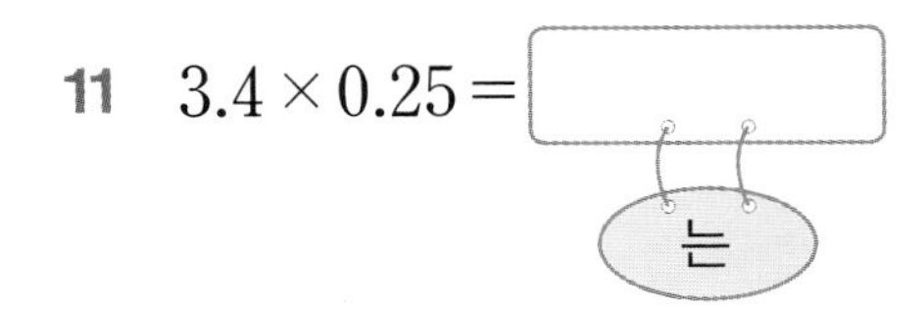

12 $0.7 \times 2.72 =$ ☐ (싫)

13 $5.2 \times 0.31 =$ ☐ (을)

14 $0.8 \times 1.09 =$ ☐ (하)

15 $4.6 \times 0.49 =$ ☐ (기)

16 $0.5 \times 6.52 =$ ☐ (보)

17 $1.8 \times 0.15 =$ ☐ (것)

18 $0.2 \times 7.22 =$ ☐ (때)

19 $9.2 \times 0.32 =$ ☐

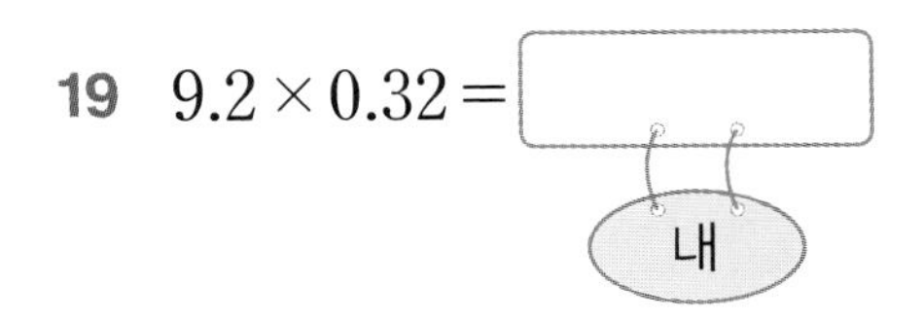

계산 결과에 해당하는 글자를 써넣어 만든 수수께끼를 알아 맞혀 보세요.

수수께끼

3.26	2.944	2.254	1.904	1.612	1.444	0.872	0.85	0.27	0.23

?

05 (1보다 큰 소수 두 자리 수)×(1보다 큰 소수 한 자리 수)

1.09×2.1의 계산

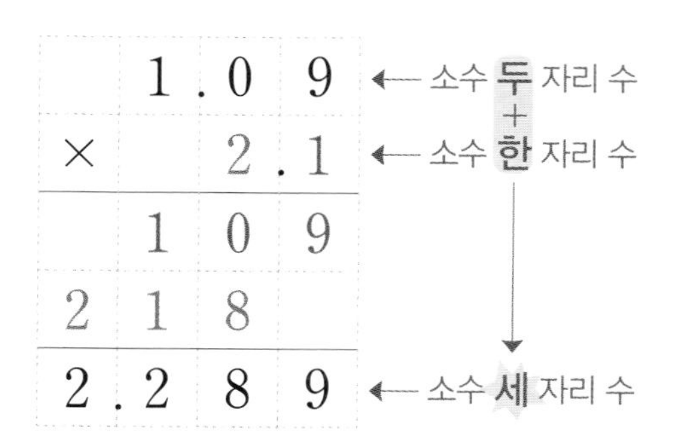

곱하는 두 소수의 소수점 아래 자리 수의 합은 3!

※ 계산을 하시오.

1. 1.78×2.3

2. 1.26×1.4

3. 2.14×3.4

4. 4.91×9.2

5. 8.14×3.1

6. 7.03×5.2

7. 6.57×4.8

8. 3.99×6.1

9. 5.32×8.8

✲ 표를 보고 주문할 커튼의 가로 길이를 구하시오.

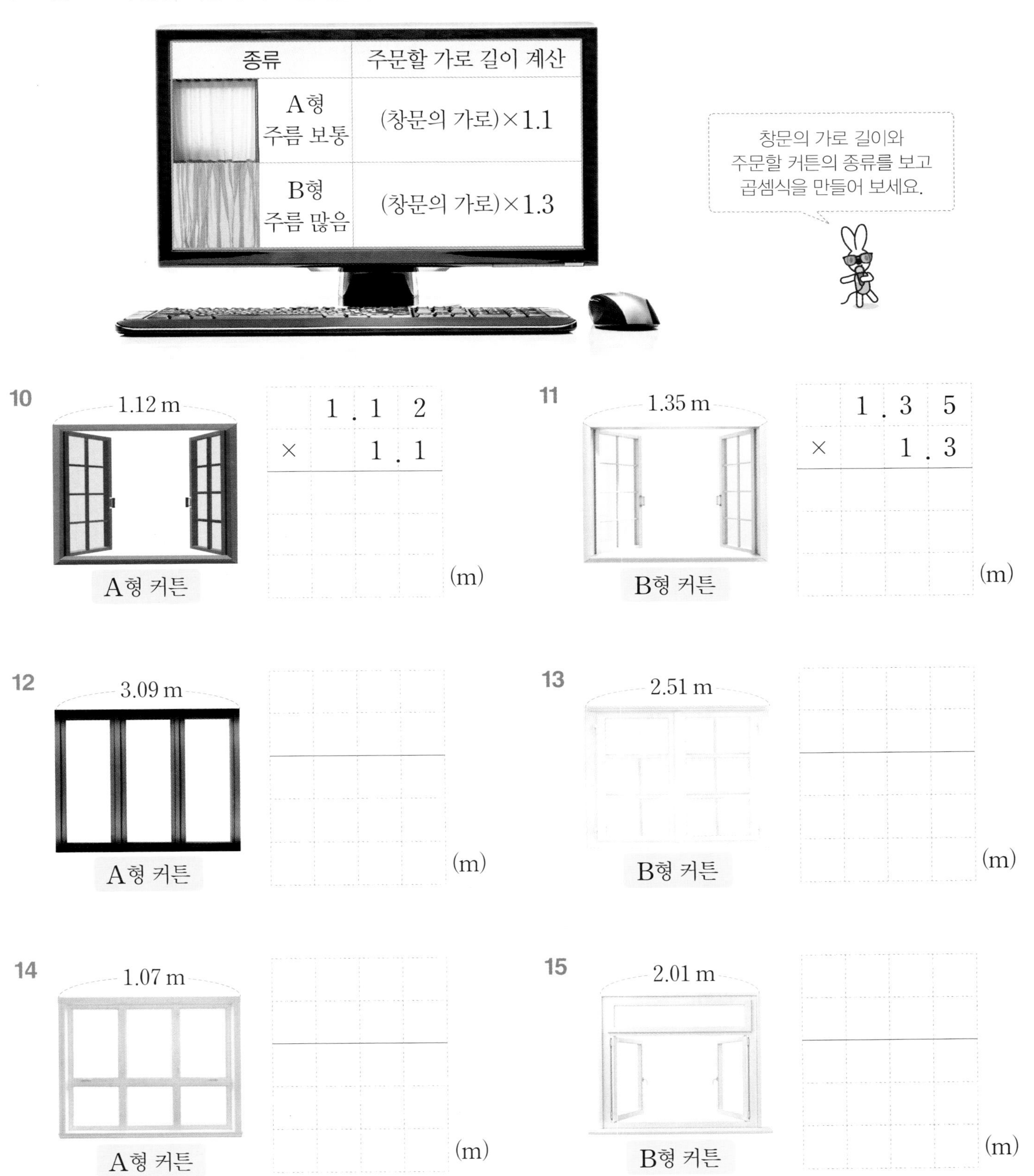

종류		주문할 가로 길이 계산
	A형 주름 보통	(창문의 가로)×1.1
	B형 주름 많음	(창문의 가로)×1.3

06 (1보다 큰 소수 한 자리 수)×(1보다 큰 소수 두 자리 수)

2.1×1.09의 계산

		2.	1
×	1.	0	9
	1	8	9
2	1		
2.	2	8	9

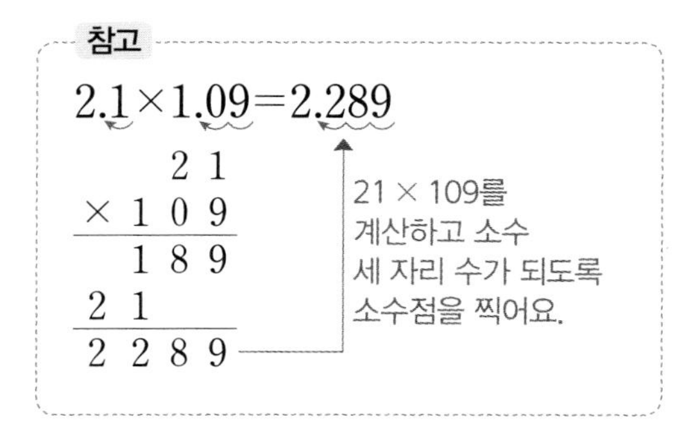

✲ 계산을 하시오.

1
$$\begin{array}{r} 1.9 \\ \times\ 1.64 \\ \hline \end{array}$$

2
$$\begin{array}{r} 2.1 \\ \times\ 5.17 \\ \hline \end{array}$$

3
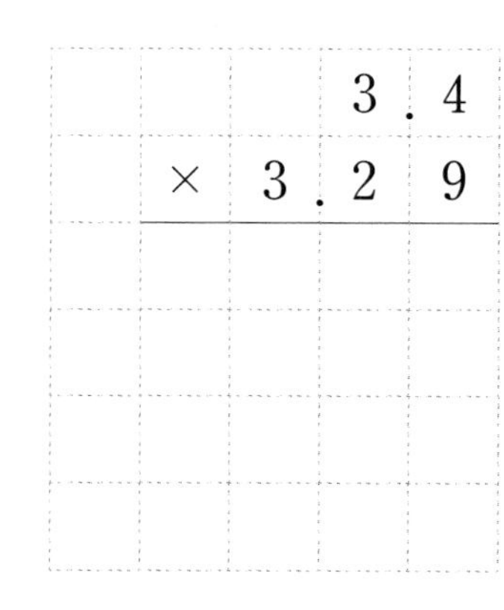
$$\begin{array}{r} 3.4 \\ \times\ 3.29 \\ \hline \end{array}$$

4
$$\begin{array}{r} 1.6 \\ \times\ 3.14 \\ \hline \end{array}$$

5
$$\begin{array}{r} 4.5 \\ \times\ 3.62 \\ \hline \end{array}$$

6
$$\begin{array}{r} 2.3 \\ \times\ 7.36 \\ \hline \end{array}$$

7
$$\begin{array}{r} 4.3 \\ \times\ 2.22 \\ \hline \end{array}$$

8
$$\begin{array}{r} 6.5 \\ \times\ 4.21 \\ \hline \end{array}$$

9
$$\begin{array}{r} 8.2 \\ \times\ 3.42 \\ \hline \end{array}$$

날짜 : 월 일
부모님 확인

✲ 직사각형의 넓이를 구하시오.

10

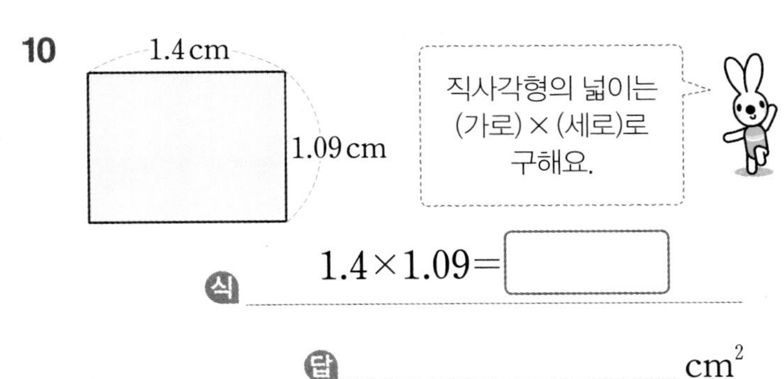

식 $1.4\times1.09=$ ☐

답 ______ cm^2

11

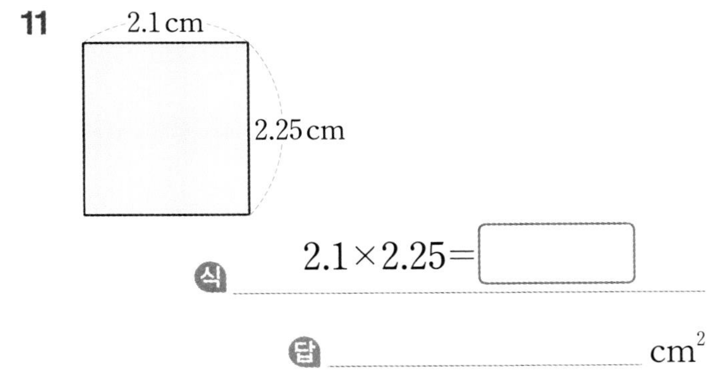

식 $2.1\times2.25=$ ☐

답 ______ cm^2

12

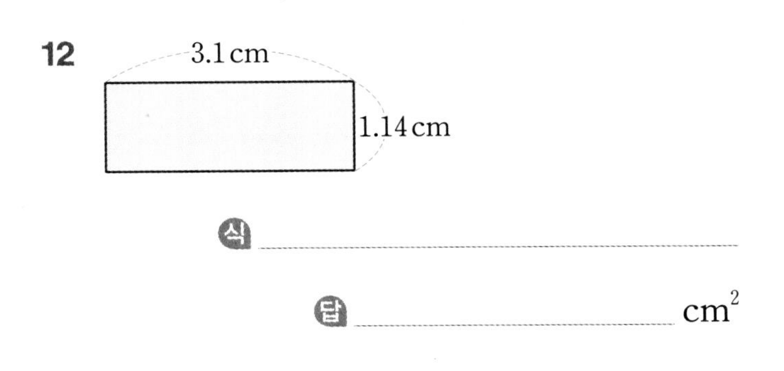

식 ______

답 ______ cm^2

13

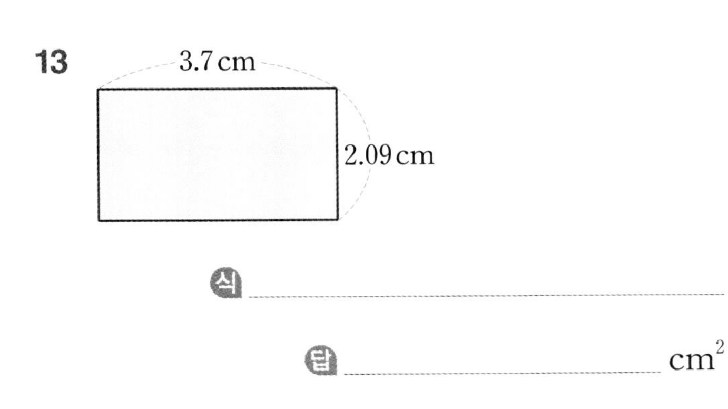

식 ______

답 ______ cm^2

14

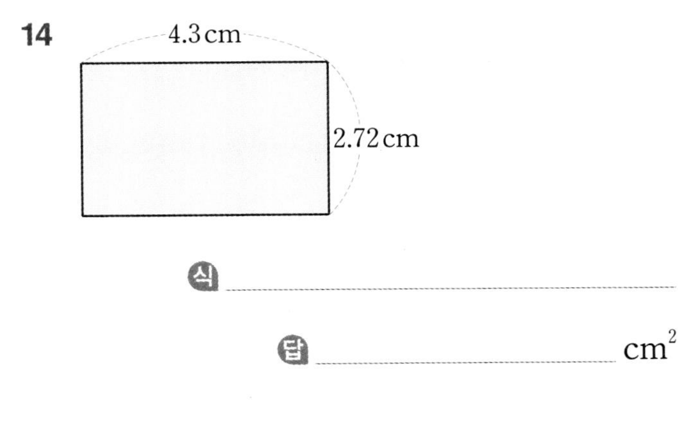

식 ______

답 ______ cm^2

15

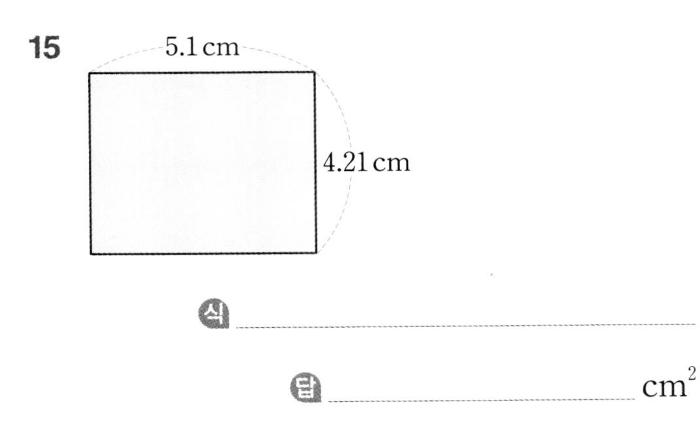

식 ______

답 ______ cm^2

16

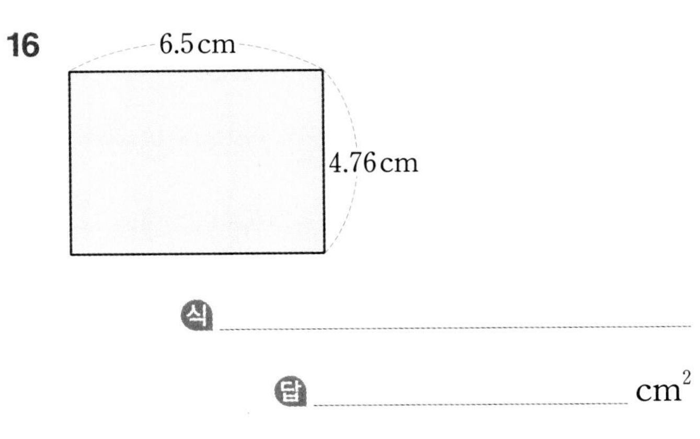

식 ______

답 ______ cm^2

17

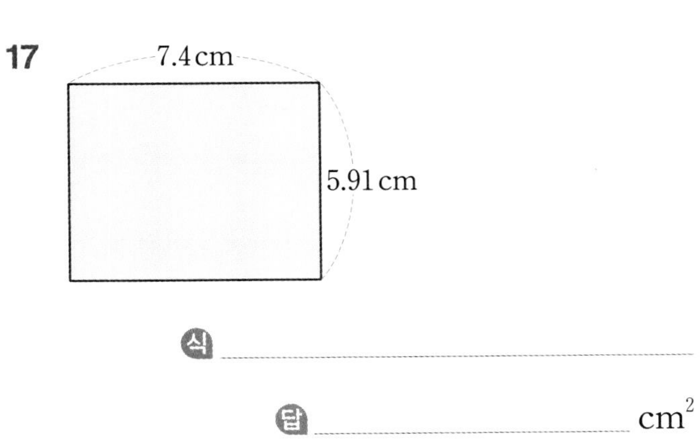

식 ______

답 ______ cm^2

07 1보다 작은 세 소수의 곱셈

$0.6 \times 0.08 \times 0.4$의 계산

$0.6 \times 0.08 \times 0.4 = 0.0192$

① 0.048

② 0.0192

$0.6 \times 0.08 \times 0.4 = 0.0192$

① 0.032

② 0.0192

계산을 하시오.

1 $0.2 \times 0.3 \times 0.05 = \square$

0.06

$\square$

2 $0.04 \times 0.6 \times 0.7 = \square$

0.42

$\square$

3 $0.9 \times 0.14 \times 0.2$

4 $0.21 \times 0.6 \times 0.5$

5 $0.08 \times 0.8 \times 0.5$

6 $0.95 \times 0.2 \times 0.5$

7 $0.05 \times 0.3 \times 0.2$

8 $0.13 \times 0.4 \times 0.9$

날짜 : 월 일
부모님 확인

✲ 계산을 하시오.

9

$0.5\times0.6\times0.02$

10 $0.2\times0.02\times0.3$

11 $0.15\times0.2\times0.3$

12 $0.19\times0.5\times0.8$

13 $0.35\times0.4\times0.6$

14 $0.7\times0.2\times0.18$

15 $0.9\times0.8\times0.14$

16 $0.6\times0.12\times0.7$

계산 결과가 적힌 빵을 ×표 하고 남은 빵을 먹을 거예요. 내가 먹을 빵은 몇 번일까요?

①

②

③
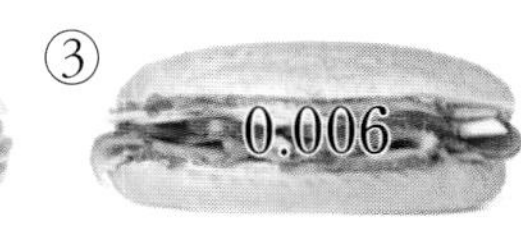

④

⑤ 0.852

⑥

⑦

⑧

⑨

08 1보다 큰 세 소수의 곱셈

⊙ $1.5\times1.3\times1.4$의 계산

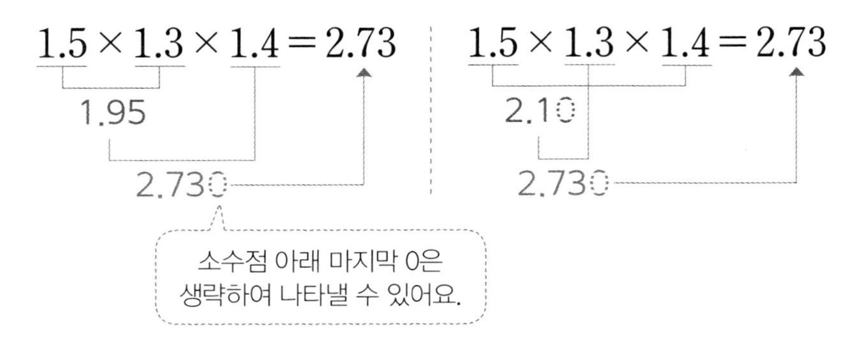

곱의 끝자리가 0이 되는 수를 먼저 곱하면 계산이 간편해요.

✲ 계산을 하시오.

1 $4.1\times1.05\times7.1=$ ☐

4.305

2 $1.02\times2.2\times1.5=$ ☐

1.53

3 $1.8\times3.1\times2.6$

4 $4.8\times5.5\times1.05$

5 $9.2\times3.02\times1.1$

6 $5.12\times1.5\times2.1$

7 $3.25\times8\times4.5$

8 $11\times2.3\times6.04$

날짜 : 월 일

부모님 확인

✲ 계산을 하시오.

9

$5 \times 1.4 \times 4.01 =$ ☐

10

$2.1 \times 3.3 \times 1.09 =$ ☐

11

$9.01 \times 1.8 \times 1.5 =$ ☐

12

$2.14 \times 5.5 \times 1.2 =$ ☐

13

$5.5 \times 1.32 \times 1.6 =$ ☐

14

$8.5 \times 9.2 \times 2.1 =$ ☐

15

$7.7 \times 3.1 \times 1.11 =$ ☐

16

$9 \times 1.33 \times 6.5 =$ ☐

집중 연산 A

✲ 자연수의 곱을 이용하여 소수의 곱셈을 하시오.

1

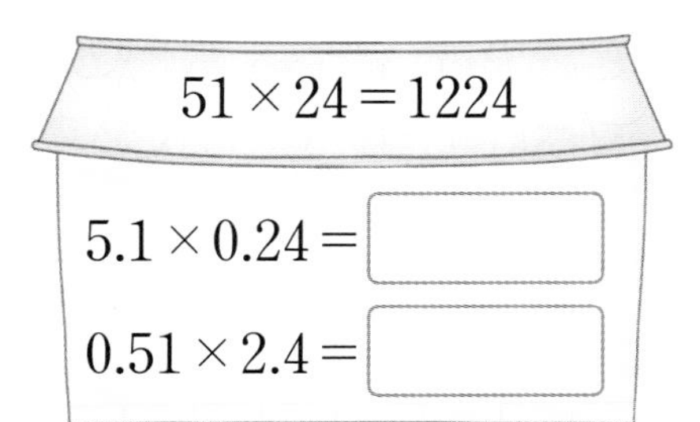

2

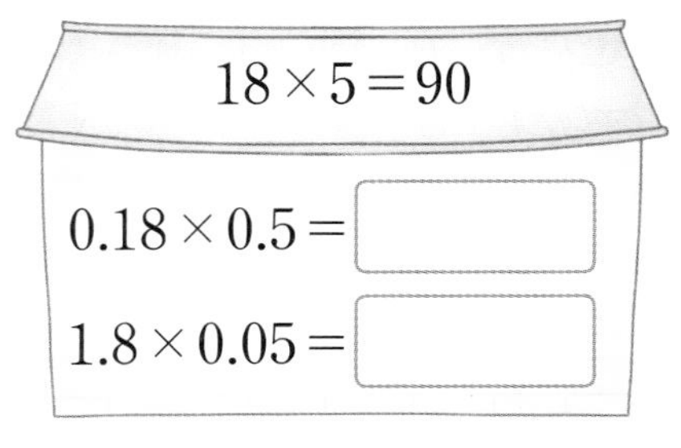

3

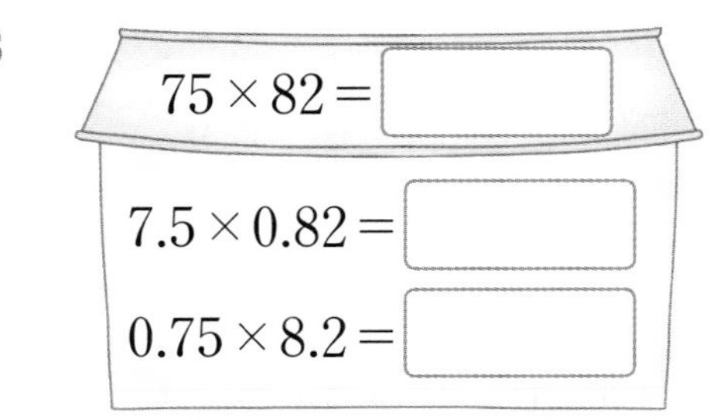

4

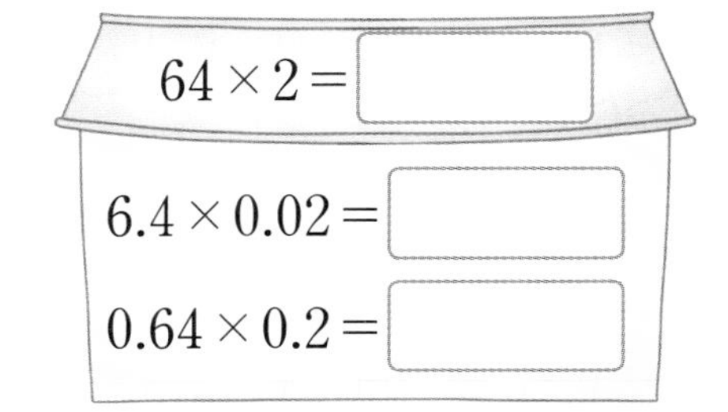

✲ 빈 곳에 알맞은 수를 써넣으시오.

5

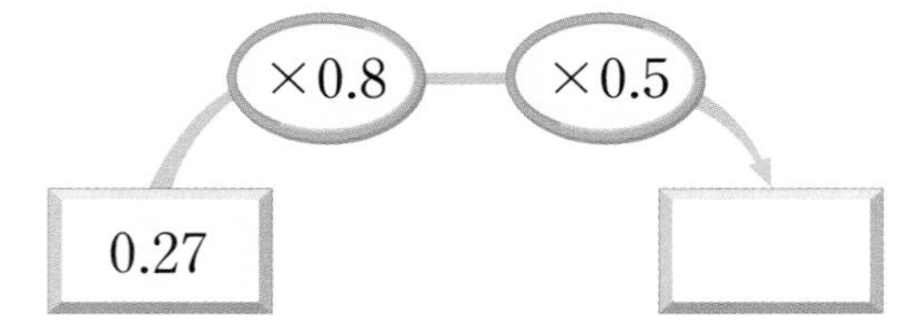

6

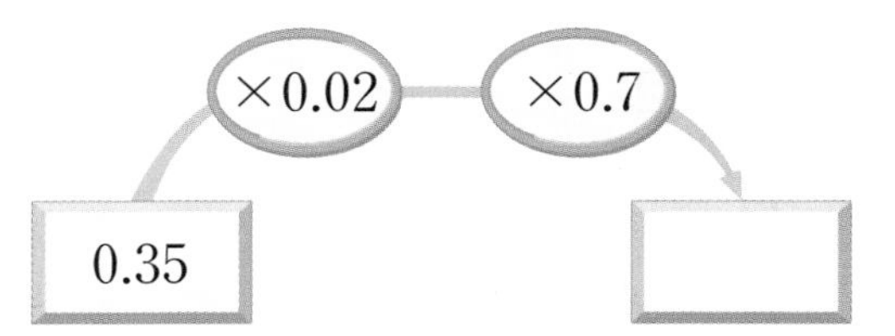

7

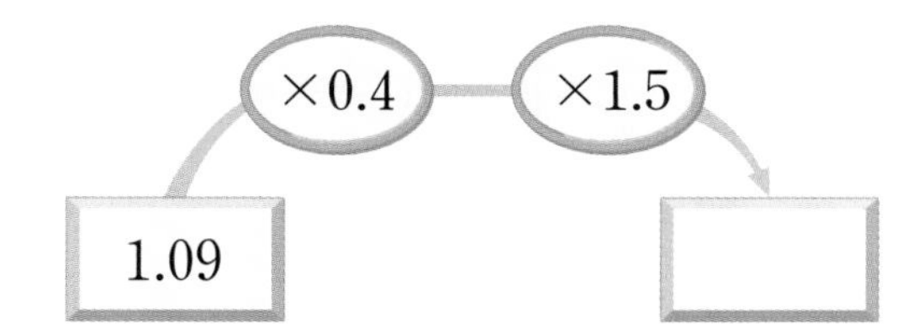

8

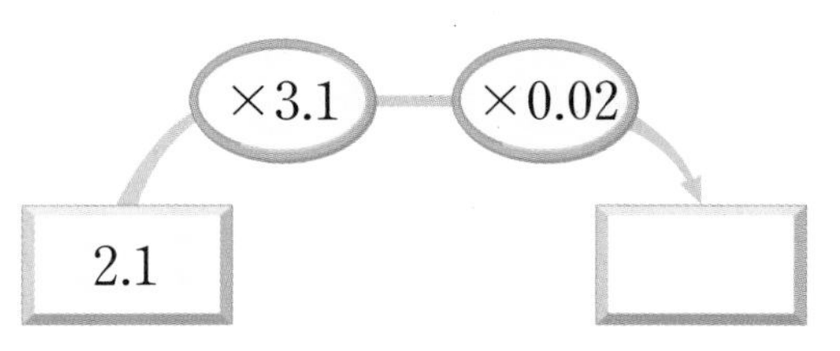

9

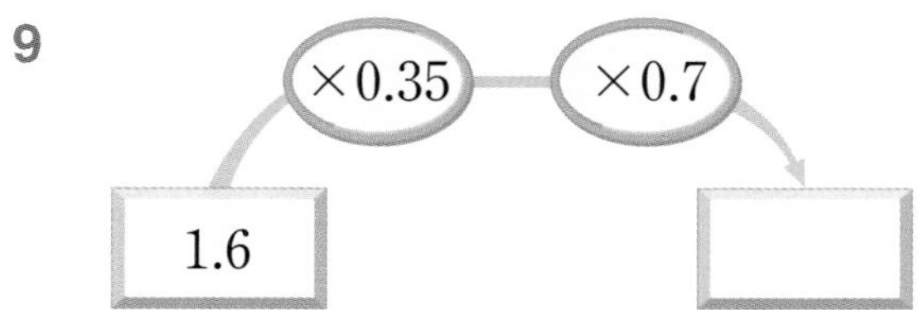

10

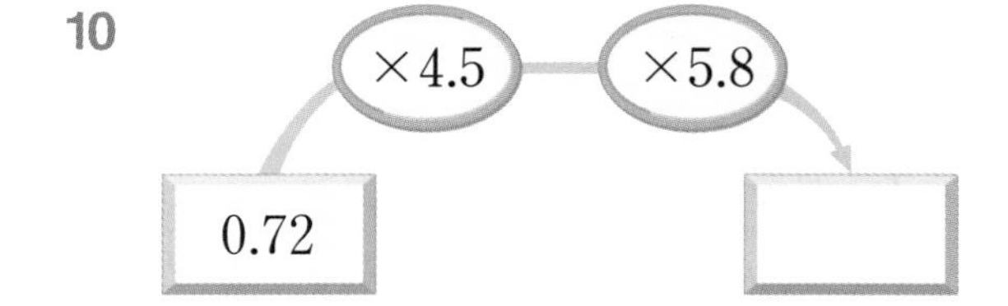

✲ 빈칸에 알맞은 수를 써넣으시오.

11 ×

0.7	0.11	
0.5	0.81	

12 ×

0.07	0.9	
0.15	0.3	

13 ×

3.1	2.05	
9.5	1.23	

14 ×

1.44	2.6	
3.09	7.4	

15 ×

0.9	0.77	
0.5	0.94	

16 ×

0.92	0.6	
0.88	0.3	

17 ×

7.2	2.05	
19.5	0.24	

18 ×

4.06	1.3	
8.11	0.9	

19 ×

1.5	4.08	
3.16	0.7	

20 ×

33.5	0.14	
10.42	1.8	

집중 연산 B

계산을 하시오.

1
$$\begin{array}{r} 0.3 \\ \times\ 0.08 \\ \hline \end{array}$$

2
$$\begin{array}{r} 0.4 \\ \times\ 0.17 \\ \hline \end{array}$$

3
$$\begin{array}{r} 0.27 \\ \times\ 0.5 \\ \hline \end{array}$$

4
$$\begin{array}{r} 0.35 \\ \times\ 0.3 \\ \hline \end{array}$$

5
$$\begin{array}{r} 1.5 \\ \times\ 0.03 \\ \hline \end{array}$$

6
$$\begin{array}{r} 1.72 \\ \times\ 1.9 \\ \hline \end{array}$$

7
$$\begin{array}{r} 3.7 \\ \times\ 1.06 \\ \hline \end{array}$$

8
$$\begin{array}{r} 2.4 \\ \times\ 0.08 \\ \hline \end{array}$$

9
$$\begin{array}{r} 2.03 \\ \times\ 2.7 \\ \hline \end{array}$$

10
$$\begin{array}{r} 4.9 \\ \times\ 3.27 \\ \hline \end{array}$$

11
$$\begin{array}{r} 0.12 \\ \times\ 2.9 \\ \hline \end{array}$$

12
$$\begin{array}{r} 6.25 \\ \times\ 3.5 \\ \hline \end{array}$$

13
$$\begin{array}{r} 0.3 \\ \times\ 9.13 \\ \hline \end{array}$$

14
$$\begin{array}{r} 1.1 \\ \times\ 6.53 \\ \hline \end{array}$$

15
$$\begin{array}{r} 3.82 \\ \times\ 0.4 \\ \hline \end{array}$$

16 0.6×0.02

17 0.9×7.53

18 6.1×0.44

19 0.7×1.94

20 0.98×6.3

21 0.73×0.7

22 0.35×4.9

23 3.53×0.5

24 8.75×1.3

25 41.5×0.07

26 $0.12 \times 0.13 \times 0.5$

27 $1.8 \times 2.5 \times 4.22$

8 평균

며칠 후
일어나~.

탁아! 또 늦잠이니?

얼른 일어나서
학교 가야지.
아~ 피곤해.

오늘 아침은 뭐예요?

나왔다!

여보! 주니야,
탁아! 우리 뉴스에
나와~.

최근 은행과 연구소를
무단 침입한 스모그
일당이 잡혔습니다.

스모그 일당을 잡은
영웅은 이번에도 역시 초능력
가족이었습니다.

최근 이들의 활약이
돋보이는데요. 3달 동안의 활약을
한번 살펴보도록 하겠습니다.

우리가 3달 동안 몇
명의 악당을 잡았지?
음…….

7월엔 6명,
8월엔 4명,
9월엔 5명.
정말?

그럼 한 달에
평균 몇 명을 잡은
거야?
그건 말이지~.

(평균)
=(자료의 합)÷(자료의 수)
$=(6+4+5)\div 3$
$=15\div 3=5$(명)

학습 내용

- 평균 알아보기
- 평균 구하기
- 평균 비교하기

평균 알아보기

평균의 필요성 알아보기

투호에서 넣은 화살 수

	진수네 모둠	준혁이네 모둠
넣은 화살 수(개)	36	40
모둠 인원 수(명)	4	5

(진수네 모둠 한 사람당 넣은 화살 수)$=36\div4=9$(개)
(준혁이네 모둠 한 사람당 넣은 화살 수)$=40\div5=8$(개)

➡ 투호에서 한 사람당 넣은 화살 수는 $9>8$이므로 진수네 모둠이 더 잘했다고 할 수 있습니다.

각 자료의 값을 모두 더해 자료의 수로 나눈 수는 그 자료를 대표하는 값으로 정할 수 있어요. 이 값을 평균이라고 해요.

✲ 성준이와 소민이의 제기차기 기록을 나타낸 표입니다. 표를 보고 ☐ 안에 알맞게 써넣으시오.

1 성준이의 제기차기 기록

회	1회	2회	3회	4회	5회
기록(개)	13	12	10	11	9

제기차기 횟수: 5회, 제기차기 기록의 합: ☐개

➡ 성준이의 제기차기 기록의 평균: ☐개

2 소민이의 제기차기 기록

회	1회	2회	3회	4회
기록(개)	12	8	9	11

제기차기 횟수: 4회, 제기차기 기록의 합: ☐개

➡ 소민이의 제기차기 기록의 평균: ☐개

3 성준이와 소민이 중 제기차기를 더 잘했다고 볼 수 있는 사람은 ☐입니다.

✲ 건호와 주희의 턱걸이 기록을 나타낸 표입니다. 표를 보고 ☐ 안에 알맞게 써넣으시오.

4 건호의 턱걸이 기록

회	1회	2회	3회	4회
기록(개)	14	12	9	13

턱걸이 횟수: ☐회, 턱걸이 기록의 합: ☐개

➡ 건호의 턱걸이 기록의 평균: ☐개

5 주희의 턱걸이 기록

회	1회	2회	3회
기록(개)	11	14	8

턱걸이 횟수: ☐회, 턱걸이 기록의 합: ☐개

➡ 주희의 턱걸이 기록의 평균: ☐개

6 건호와 주희 중 턱걸이를 더 잘했다고 볼 수 있는 사람은 ☐입니다.

✲ 연정이네 반 학생들이 고리던지기를 하여 넣은 고리 수를 나타낸 것입니다. 넣은 고리 수의 평균을 구하시오.

7

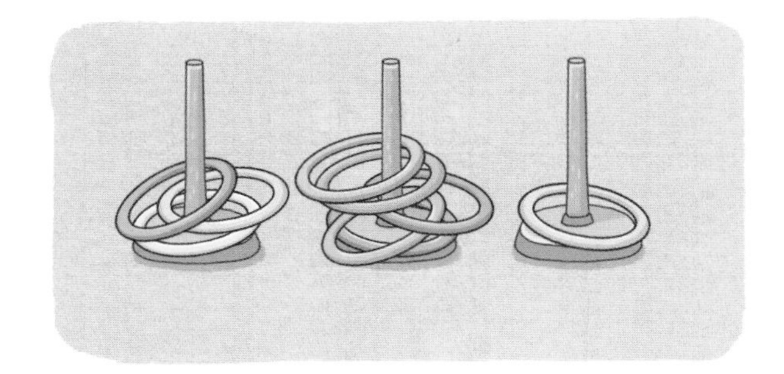

세 학생이 넣은 고리 수: 9개

세 학생이 넣은 고리 수의 평균: □개

8

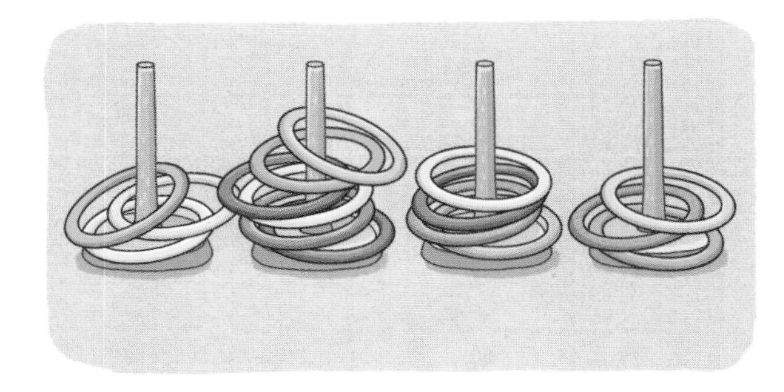

네 학생이 넣은 고리 수: □개

네 학생이 넣은 고리 수의 평균: □개

9

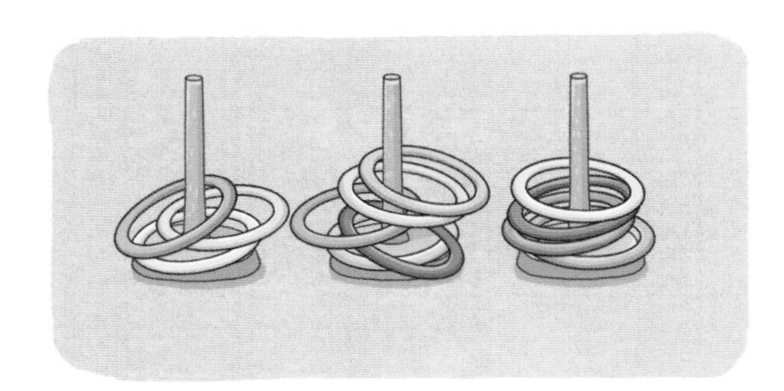

세 학생이 넣은 고리 수: □개

세 학생이 넣은 고리 수의 평균: □개

10

네 학생이 넣은 고리 수: □개

네 학생이 넣은 고리 수의 평균: □개

11

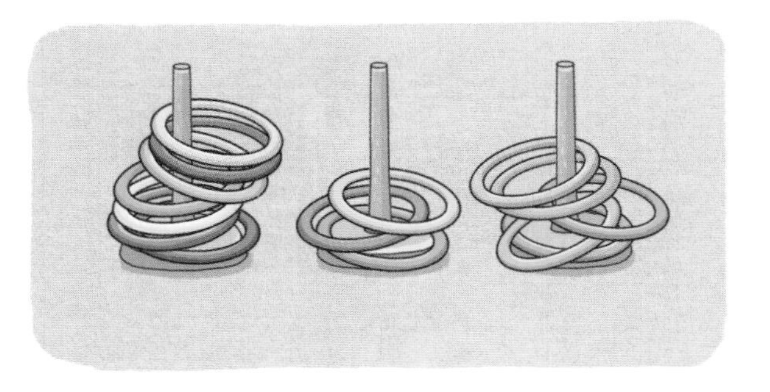

세 학생이 넣은 고리 수: □개

세 학생이 넣은 고리 수의 평균: □개

12

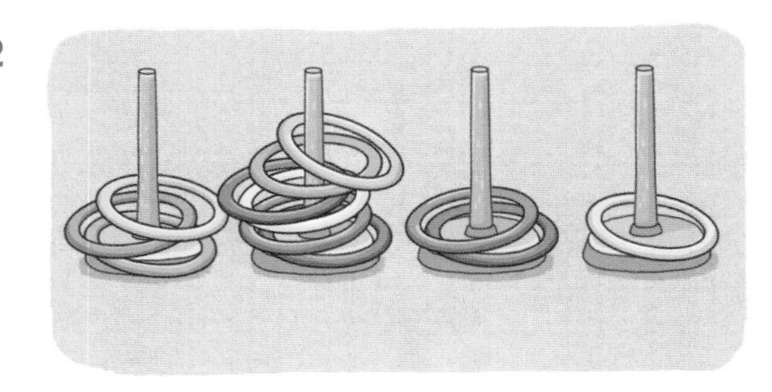

네 학생이 넣은 고리 수: □개

네 학생이 넣은 고리 수의 평균: □개

평균 구하기

평균 구하기

• 민영이네 모둠 학생들이 가지고 있는 장난감 수의 평균 구하기

가지고 있는 장난감 수

이름	민영	준수	수민	정우
장난감 수(개)	15	17	22	18

① (장난감 수의 합)$=15+17+22+18=72$(개)

② 민영이네 모둠은 모두 4명입니다.

③ (장난감의 수의 평균)$=72\div4=18$(개)

(장난감 수의 평균)
$=$(자료의 값의 합)
$\div$(자료의 수)
$=(15+17+22+18)\div4$
$=72\div4=18$(개)

✲ 다음 표를 보고 주어진 자료의 평균을 구하시오.

1

접은 종이학 수

요일	월	화	수	목	금
종이학 수(개)	11	17	10	8	14

(접은 종이학 수의 평균)$=(11+17+$ □ $+8+$ □ $)\div$ □ $=$ □ (개)

2

줄넘기 기록

회	1회	2회	3회
줄넘기 기록(번)	13	15	11

(줄넘기 기록의 평균)$=$ □ 번

3

받은 칭찬 도장의 수

월	9월	10월	11월
도장의 수(개)	6	3	9

(칭찬 도장의 수의 평균)$=$ □ 개

4

책을 읽은 시간

이름	지우	세호	태현	나영
시간(분)	38	25	40	13

(책을 읽은 시간의 평균)$=$ □ 분

5

운동한 시간

이름	지혜	민혁	슬기	유민
시간(분)	40	45	60	55

(운동한 시간의 평균)$=$ □ 분

✲ 길이가 다음과 같은 색 테이프가 있습니다. 색 테이프를 겹치지 않게 이어 붙였을 때 붙여 만든 색 테이프 길이의 평균을 구하시오.

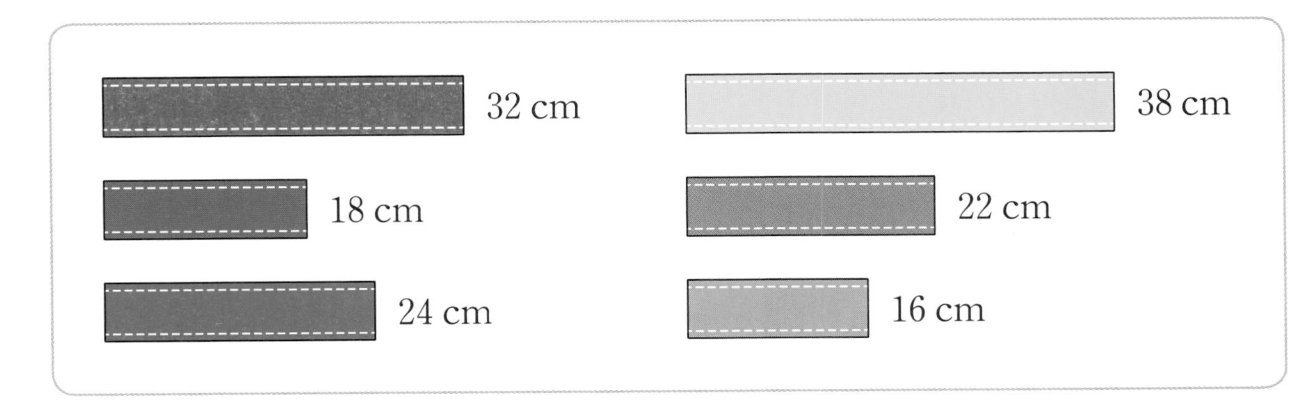

6

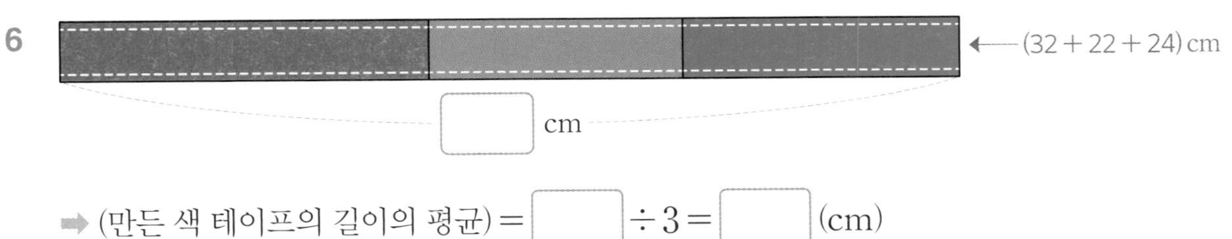

➡ (만든 색 테이프의 길이의 평균) = ☐ ÷ 3 = ☐ (cm)

7

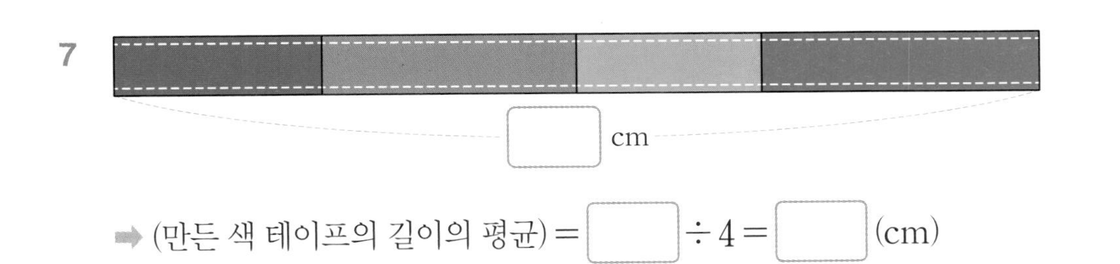

➡ (만든 색 테이프의 길이의 평균) = ☐ ÷ 4 = ☐ (cm)

8

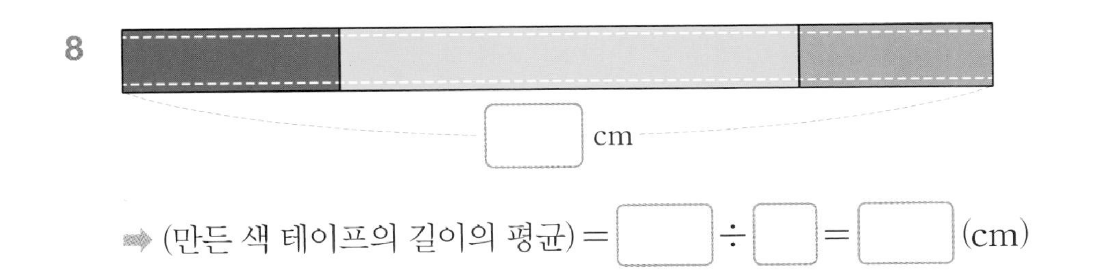

➡ (만든 색 테이프의 길이의 평균) = ☐ ÷ ☐ = ☐ (cm)

9

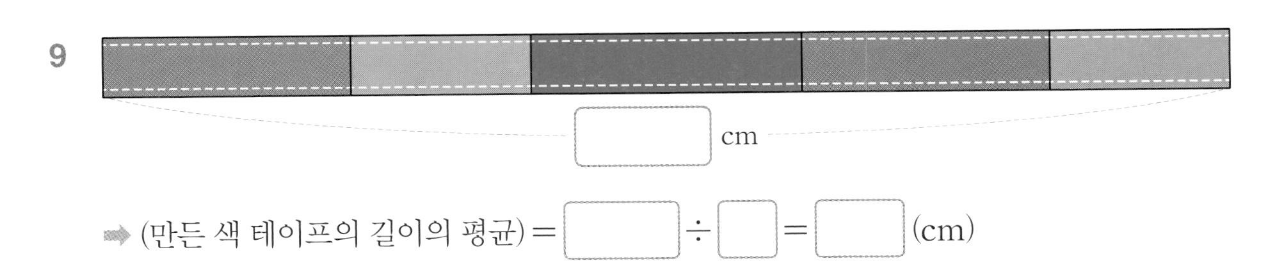

➡ (만든 색 테이프의 길이의 평균) = ☐ ÷ ☐ = ☐ (cm)

평균 비교하기

모둠별로 과녁 맞히기 기록 비교하기

과녁 맞히기 기록

모둠	모둠 1	모둠 2	모둠 3
횟수(회)	3	5	4
점수(점)	24	35	36

(모둠 1의 점수의 평균)$=24\div3=8$(점)
(모둠 2의 점수의 평균)$=35\div5=7$(점)
(모둠 3의 점수의 평균)$=36\div4=9$(점)

➡ 과녁 맞히기 기록 점수의 평균이 가장 높은 모둠은 모둠 3입니다.

먼저 모둠별로 과녁 맞히기 기록의 점수의 평균을 구해요.

다음 표를 보고 점수의 평균이 더 높은 사람은 누구인지 구하시오.

1

현우의 단원평가 점수

단원	1단원	2단원	3단원
점수(점)	89	86	92

은주의 단원평가 점수

단원	1단원	2단원	3단원
점수(점)	82	91	88

(　　　　　　　)

2

준기의 과녁 맞히기 점수

회	1회	2회	3회
점수(점)	4	2	3

은수의 과녁 맞히기 점수

회	1회	2회	3회	4회
점수(점)	5	0	1	2

(　　　　　　　)

3

성훈이가 경기별 얻은 점수

경기	첫 번째	두 번째	세 번째	네 번째
점수(점)	34	28	29	33

나은이가 경기별 얻은 점수

경기	첫 번째	두 번째	세 번째	네 번째	다섯 번째
점수(점)	29	35	34	30	32

(　　　　　　　)

날짜 : 월 일

부모님 확인

✲ 유민이네 반 학생들의 각 경기의 기록이 다음과 같습니다. 각 경기의 기록이 평균과 같은 학생은 누구인지 구하시오.

4 공 던지기

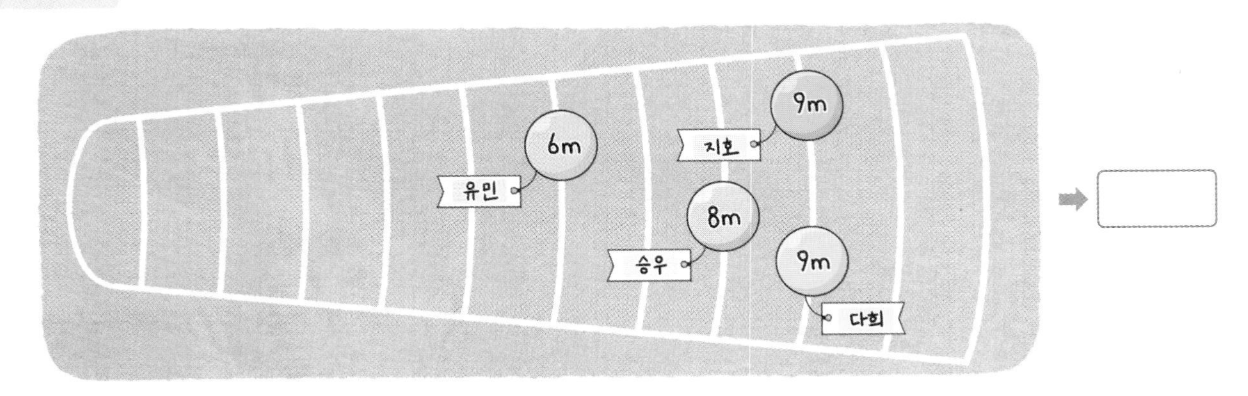

➡ ☐

5 제자리멀리뛰기

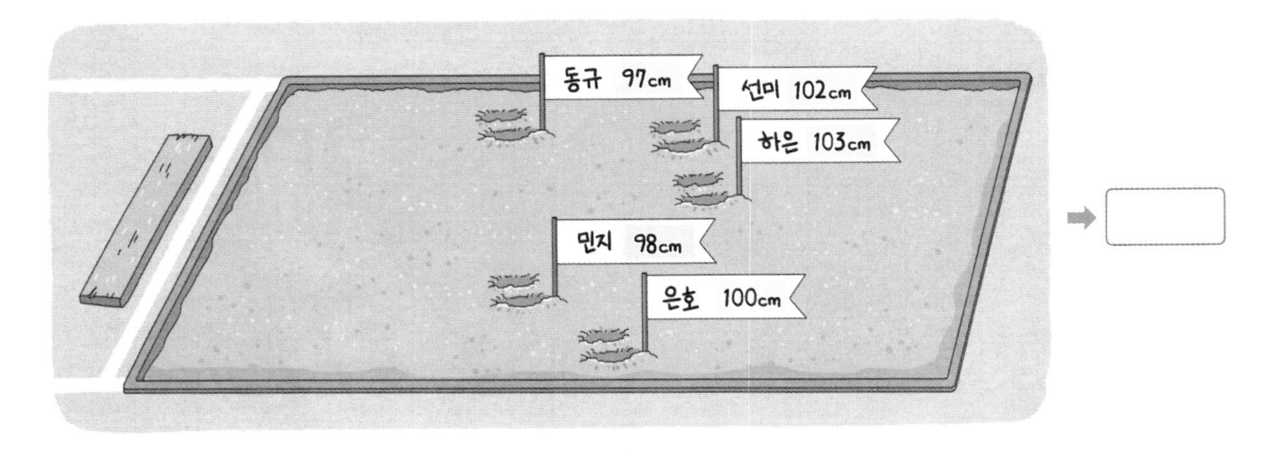

➡ ☐

6 줄넘기

➡ ☐

집중 연산 A

✲ 보기 와 같이 같은 도형에 적힌 수의 합과 평균을 각각 구하시오.

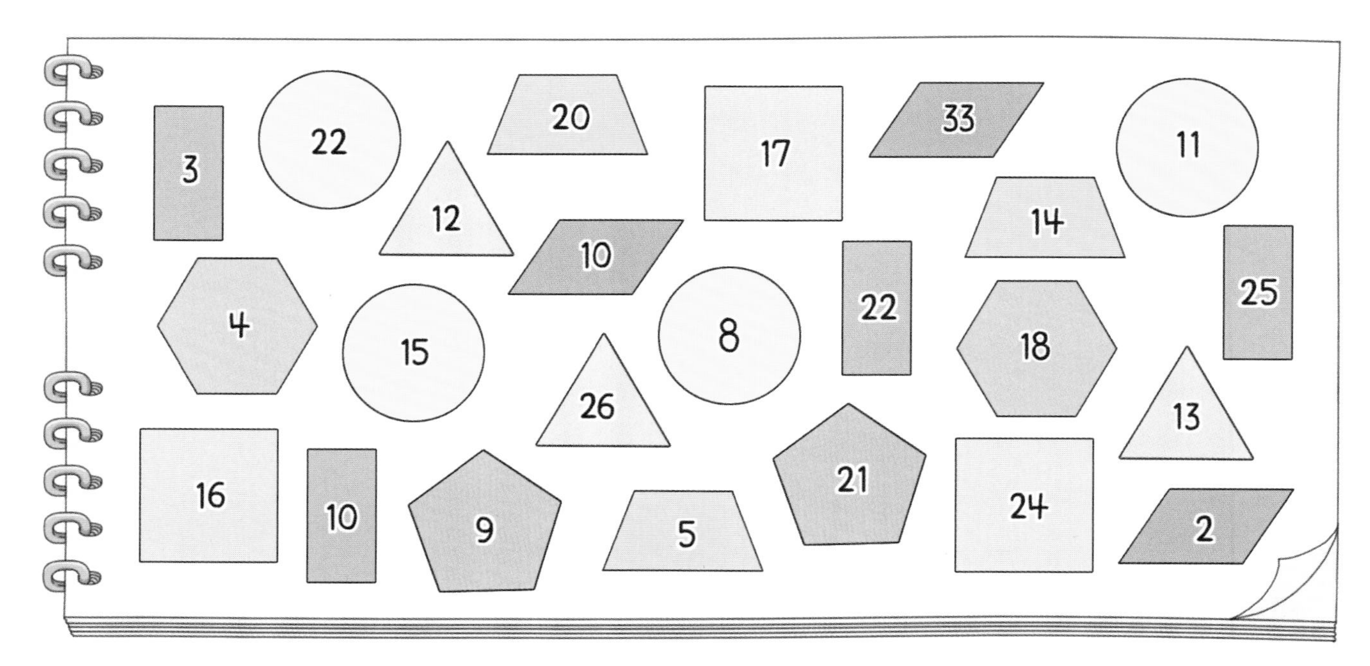

보기

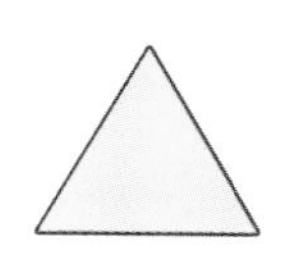

합: $12+26+13=51$

평균: $51 \div 3=17$

1 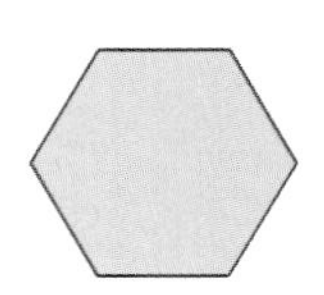

합: 22

평균:

2 

합:

평균:

3 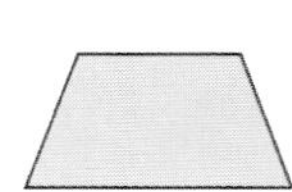

합:

평균:

4 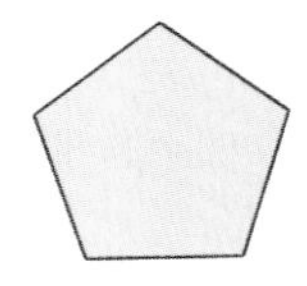

합:

평균:

5 

합:

평균:

6 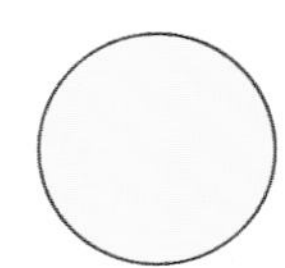

합:

평균:

7 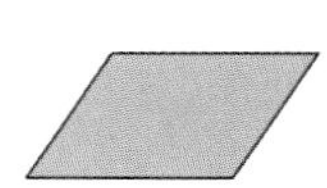

합:

평균:

✲ 영준이와 친구들이 5일 동안 마신 우유의 양을 나타낸 것입니다. 5일 동안 마신 우유의 양의 평균을 구하시오.

8 영준이가 5일 동안 마신 우유의 양

요일	월	화	수	목	금
우유의 양 (mL)	300	400	250	350	300

( ) mL

9 수정이가 5일 동안 마신 우유의 양

요일	월	화	수	목	금
우유의 양 (mL)	270	300	320	330	300

( ) mL

10 동욱이가 5일 동안 마신 우유의 양

요일	월	화	수	목	금
우유의 양 (mL)	290	340	310	315	385

( ) mL

11 호준이가 5일 동안 마신 우유의 양

요일	월	화	수	목	금
우유의 양 (mL)	300	280	250	400	420

( ) mL

12 태민이가 5일 동안 마신 우유의 양

요일	월	화	수	목	금
우유의 양 (mL)	280	295	305	340	400

( ) mL

집중 연산 B

자료를 보고 평균을 구하시오.

1

13 20 15

(평균) = □

2

74 80 71

(평균) = □

3

7 4 10

(평균) = □

4

35 36 40

(평균) = □

5

80 95 100 93

(평균) = □

6

7 3 2 8

(평균) = □

7

87 90 89 94

(평균) = □

8

191 194 188 195

(평균) = □

9

26 28 25 21

(평균) = □

10

105 108 104 103

(평균) = □

11

170 197 250 215 208

(평균) = □

12

32 45 60 56 47

(평균) = □

13

135 134 136 130 135

(평균) = □

14

80 90 95 85 75

(평균) = □

✲ 주아네 모둠 학생들의 몸무게를 조사하여 나타낸 표입니다. 물음에 답하시오.

학생들의 몸무게

이름	주아	연수	태준	정인
몸무게(kg)	35	42	47	40

15 주아네 모둠 학생들의 몸무게의 평균은 몇 kg인지 구하시오.

( ) kg

16 연수는 평균보다 가볍습니까, 무겁습니까?

( )

✲ 유미와 동민이네 모둠 학생들의 하루 컴퓨터 사용 시간을 나타낸 표입니다. 물음에 답하시오.

유미네 모둠의 컴퓨터 사용 시간

이름	유미	은하	찬호	수현
시간(분)	32	45	50	41

동민이네 모둠의 컴퓨터 사용 시간

이름	동민	정희	지은	수진
시간(분)	40	51	47	42

17 유미와 동민이네 모둠 학생들의 컴퓨터 사용 시간의 평균은 몇 분인지 각각 구하시오.

유미네 모둠 ( )분, 동민이네 모둠 ( )분

18 컴퓨터 평균 사용 시간이 더 긴 모둠은 어느 모둠입니까?

( )

✲ 혜선이와 정훈이가 1분 동안 기록한 타자 수를 나타낸 표입니다. 물음에 답하시오.

혜선이의 타자 수

회	1회	2회	3회	4회
타자 수(타)	253	311	286	302

정훈이의 타자 수

회	1회	2회	3회	4회	5회
타자 수(타)	300	297	268	314	281

19 혜선이와 정훈이의 타자 수의 평균은 각각 몇 타인지 구하시오.

혜선 ( )타, 정훈 ( )타

20 혜선이와 정훈이 중 누구의 기록이 더 좋다고 말할 수 있습니까?

( )

빅터의
플러스 알파

두 자료의 전체 평균 구하기

두 집단의 자료의 개수가 다를 때는 평균을 구해 비교할 수 있어요.
A와 B의 전체 평균을 구해 볼까요?

학생들의 수학 점수의 평균

남학생 2명	87점
여학생 3명	92점

① 두 자료 값의 합 구하기
(학생 5명의 수학 점수의 합)
$=\underline{87\times2}+\underline{92\times3}=174+276=450$(점)
남학생 2명의 수학 점수의 합　여학생 3명의 수학 점수의 합

② 두 자료의 전체 평균 구하기
(학생 5명의 수학 점수의 평균)
=(학생 5명의 수학 점수의 합)÷5=450÷5=90(점)

부분의 합을 구해 전체 자료의 값의 합을 전체 자료의 수로 나누어요.

어느 반 남녀 학생들의 100 m 달리기 기록의 평균을 구해 볼까요?

학생들의 100 m 달리기 기록의 평균

남학생 12명	17초
여학생 8명	22초

① 두 자료 값의 합 구하기
(학생 20명의 100 m 달리기 기록의 합)
$=17\times$ □ $+22\times8=$ □ $+176=$ □ (초)

② 두 자료의 전체 평균 구하기
(학생 20명의 100 m 달리기 기록의 평균)
=(학생 20명의 100 m 달리기 기록의 합)÷20
= □ ÷20= □ (초)

정답 및 풀이

1 수의 범위

01 이상, 이하 — 8~9쪽

1. $5\frac{1}{3}$ 6 **7** **9.5** **11**
2. **5** **10** **15** 17 19.5
3. 2 5.6 15 **25** **$27\frac{1}{2}$**
4. **$14\frac{1}{2}$** **39** **40** 41 45
5. **35** **31** **30** 28 27.5
6. 25 $23\frac{1}{2}$ 21 **20** **18**
7. $6\frac{1}{3}$ 10 **16** 15 **20.8**
8. **16** 39.7 **35** **$23\frac{5}{7}$** 42
9. (○)(○)(○)(   )
10. (○)(○)(   )(○)
11. (   )(○)(○)(○)
12. (○)(○)(   )(○)

02 초과, 미만 — 10~11쪽

1. 8 9 **9.6** **10** **11**
2. **3.5** **8** 10 10.7 11
3. 13.8 15 **$16\frac{1}{3}$** **18**
4. **12** **17** **$19\frac{3}{4}$** 20 20.8
5. **27** **26** **25.5** 24 $9\frac{3}{10}$
6. 46 40.3 40 **36** **14**
7. 11.4 13 **$30\frac{2}{3}$** 30 **41**
8. **50** 55 **52.9** 57 61
9. 가
10. 가
11. 가, 다
12. 가, 나, 다
13. 가, 나, 다
14. 가, 나, 다
15. 가, 나, 다, 마
16. 가, 나, 다, 라, 마

03 수의 범위 (1) — 12~13쪽

1. 13 **14** **14.9** **19** 20 29
2. 4 **5.8** **8** **10** 11 11.6
3. 19.6 **20** **29** **35** **45** 45.7
4. 7.5 **10** **22** **25** 25.9 30
5. **33.5** 23 **25** **25.6** 21 36.4
6. **16.5** 21 **19** 23.4 **17** **20**

7. 재우, 소민, 현경 **8.** 윤정, 미진, 재우
9. 윤정 **10.** 미진, 재우, 소민, 현경
11. 윤정, 미진, 재우 **12.** 현경
13. 소민, 현경 **14.** 재우
15. 현경

04 수의 범위 (2) 14~15쪽

1.

8.5	9	**9.7**
10	**10.9**	11

2.

10	13	**13.7**
15	**16**	20

3.

9	10	**11.8**
12	13	15

4.

31	33	**33.4**
36.8	37	38

5.

54.4	**50.4**	55.7
50	55	**53**

6.

29	**34**	35.4
30	35	**31.6**

7. 21에 ×표 **8.** 13에 ×표
9. 18.9에 ×표 **10.** 24에 ×표
11. 7에 ×표 **12.** 19.9에 ×표
13. 14에 ×표 **14.** 30에 ×표

수수께끼 읽을수록 느끼한 글?; 니글니글

05 수의 범위 (3) 16~17쪽

1.

4	**5**	**5.8**
7	9	10

2.

7	**$7\frac{1}{3}$**	**8**
10	10.7	11

3.

14.7	**15**	**16**
17	$17\frac{2}{5}$	19.4

4.

18	20	**21**
22.6	**23**	25

5.

43	45.5	46
45	47	**42**

6.

97	**100**	**98.8**
$100\frac{1}{4}$	98	**99**

7. 8000 **8.** 6500 **9.** 9500
10. 4000 **11.** 5000 **12.** 8000
13. 6500

06 수직선에 수의 범위 나타내기 18~19쪽

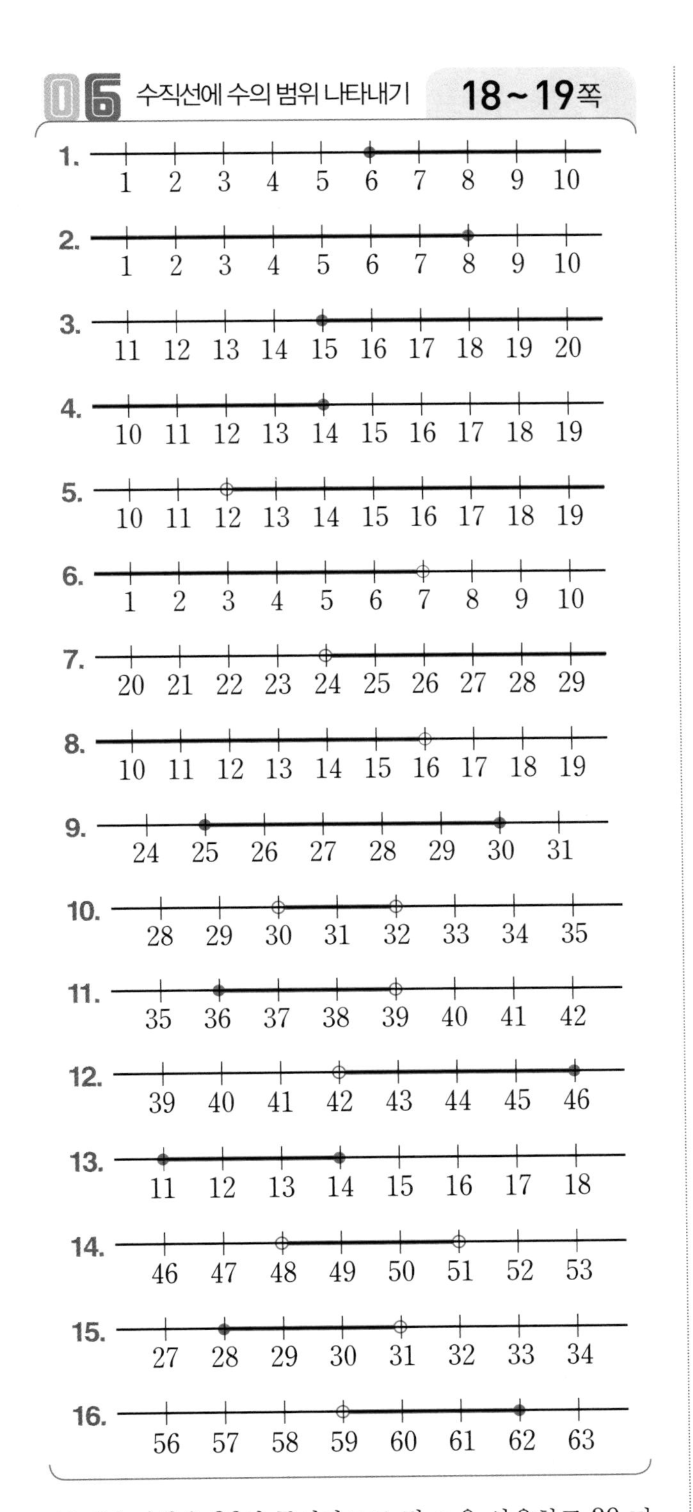

11. 36 이상은 36이 들어가므로 점 ●을 사용하고 39 미만은 39가 들어가지 않으므로 점 ○을 사용한 후 그 사이를 선으로 연결합니다.

12. 42 초과는 42가 들어가지 않으므로 점 ○을 사용하고 46 이하는 46이 들어가므로 점 ●을 사용한 후 그 사이를 선으로 연결합니다.

07 집중 연산 A 20~21쪽

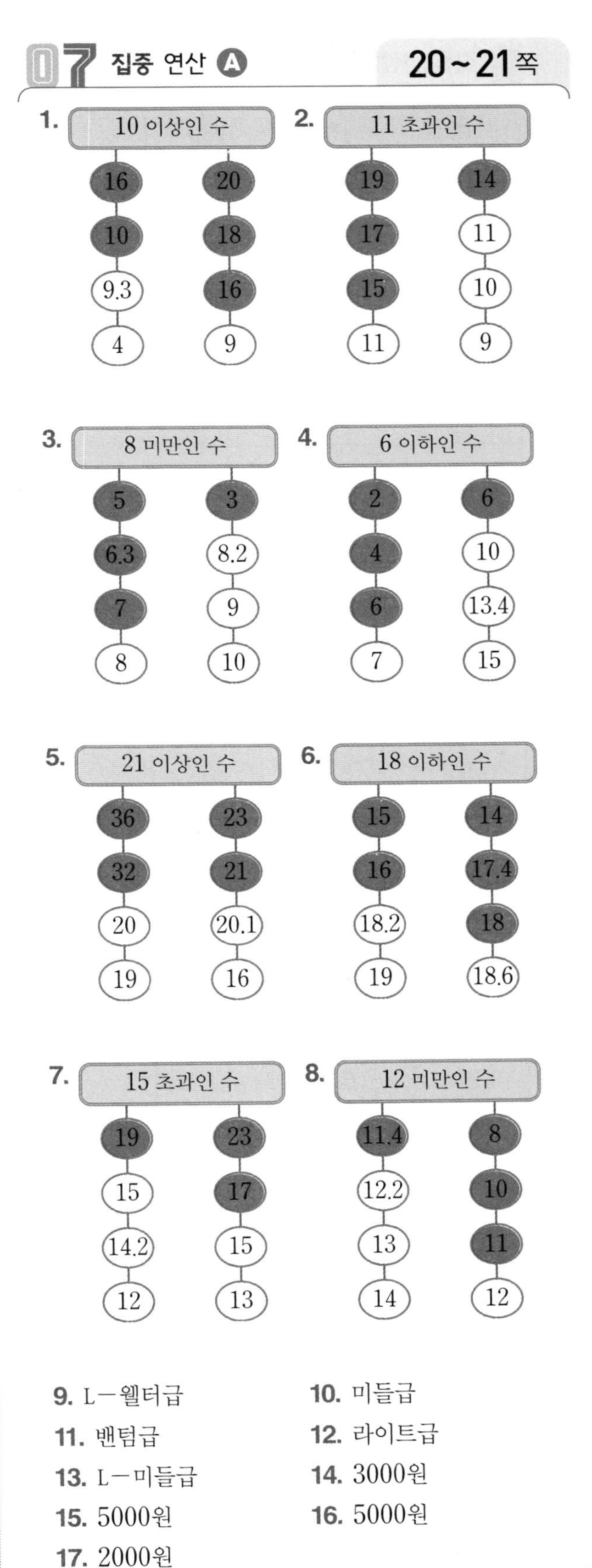

9. L-웰터급
10. 미들급
11. 밴텀급
12. 라이트급
13. L-미들급
14. 3000원
15. 5000원
16. 5000원
17. 2000원

08 집중 연산 B 22~23쪽

1.

133	130	(139)
(140)	129.9	134.1

2.

111.4	112	113
(110)	110.5	(105.7)

3.

65	(80.7)	80
79.7	51	(86)

4.

(7.5)	(9.8)	10
(3)	10.5	15

5.

(50)	43	(46)
(45.5)	41	53

6.

84	(81)	86
(80.4)	(83)	80

7.

20	19	(18.6)
(17)	(15)	21.4

8.

(40)	44.2	35
33.9	34	(35.1)

9.

(59)	63	61
60.4	(55)	53.2

10.

34	31	(29)
33.5	(28.4)	27

11. 16 12. 17
13. 34 초과인 수 14. 86 미만인 수
15. 44 이하인 수 16. 58 이상인 수
17. 23 초과인 수 18. 67 미만인 수
19. 22 이상 26 이하인 수 20. 32 초과 36 미만인 수
21. 73 이상 76 이하인 수 22. 37 초과 42 미만인 수
23. 18 초과 22 이하인 수 24. 58 초과 62 이하인 수

2 올림, 버림, 반올림

01 자연수의 올림 26~27쪽

1. 850, 900 2. 760, 800
3. 130, 200 4. 470, 500
5. 6400, 7000 6. 7900, 8000
7. 2000, 1250 8. 3000, 2800
9. ( )(○) 10. ( )(○)
11. (○)( ) 12. (○)( )
13. (○)( ) 14. ( )(○)
15. ( )(○) 16. (○)( )
17. ( )(○)

02 소수의 올림 28~29쪽

1. 23.5 2. 15.3 3. 27.5
4. 31.1 5. 141.9 6. 152.2
7. 11.25 8. 18.32 9. 26.11
10. 48.44 11. 171.53 12. 169.21
13. 24.4 14. 50.4 15. 65.6
16. 52.5 17. 42.8 18. 40.6

03 자연수의 버림 30~31쪽

1. 540, 500 2. 790, 700
3. 900, 980 4. 300, 300
5. 64000, 60000 6. 42800, 40000
7. 24000, 24680 8. 14780, 14000
9. 800 10. 400
11. 300 12. 500
13. 300 14. 400
15. 700 16. 800
17. 600

04 소수의 버림 32~33쪽

1. 39.5 2. 21.4 3. 17.8
4. 10.1 5. 78.3 6. 15.4
7. 30 8. 54 9. 11
10. 86 11. 24 12. 67
13. 37 14. 237 15. 144
16. 291 17. 164 18. 398
19. 299 20. 402

2곳

05 자연수의 반올림 34~35쪽

1. 1740, 1700 2. 2550, 3000
3. 17300, 17310 4. 16000, 16200
5. 220000, 215000 6. 480000, 477000
7. 103400 8. 245600
9. 308000 10. 294500
11. 290000 12. 308000
13. 320000 14. 339490

06 소수의 반올림 36~37쪽

1. 29.1 2. 74.2 3. 12.5
4. 41.1 5. 39 6. 16.4
7. 12 8. 55 9. 31
10. 63 11. 20 12. 16
13. (위부터) 139, 135, 139, 140, 139, 143 ; 3
14. (위부터) 140, 140, 141, 138, 136, 143 ; 2

07 집중 연산 A 38~39쪽

1. 250에 ○표 2. 3300에 ○표
3. 2000에 ○표 4. 34.9에 ○표
5. 10.52에 ○표 6. 5.9에 ○표
7. 530에 ○표 8. 4000에 ○표
9. 3400에 ○표 10. 27에 ○표
11. 19에 ○표 12. 63.8에 ○표
13. 13000 14. 20500 15. 342
16. 83000 17. 80000 18. 12.9
19. 5030 20. 30.2 21. 21000
22. 70800 23. 48 24. 70000

08 집중 연산 B 40~41쪽

1. 300 2. 6200 3. 19300
4. 55600 5. 4000 6. 3000
7. 51000 8. 80000 9. 100
10. 2500 11. 37500 12. 88800
13. 2000 14. 7000 15. 16000
16. 76000 17. 390 18. 2190
19. 9500 20. 45300 21. 49000
22. 20000 23. 9 24. 2
25. 5.2 26. 7.2 27. 300
28. 1200 29. 3000 30. 26000
31. 50000 32. 630000 33. 4.7
34. 2.3

3 분수의 곱셈

01 (진분수)×(자연수) 44~45쪽

1. $6,\ 1\frac{1}{5}$　2. $5,\ 2\frac{1}{2}$　3. $21,\ 4\frac{1}{5}$

4. $10,\ 10,\ 3\frac{1}{3}$　5. $6\frac{2}{3}$　6. $4\frac{3}{8}$

7. $2\frac{4}{5}$　8. $4\frac{2}{3}$　9. $2\frac{1}{2}$

10. $4\frac{5}{7}$　11. $7\frac{1}{2}$　12. $5\frac{5}{6}$

13. 8　14. $19\frac{1}{2}$　15. $9\frac{4}{5}$

16. $10\frac{2}{3}$　17. $5\frac{1}{4}$　18. $7\frac{1}{7}$

02 (대분수)×(자연수) 46~47쪽

1. $14,\ 4\frac{2}{3}$　2. $3,\ 3,\ 1,\ 1,\ 4,\ 1$

3. $8\frac{4}{5}$　4. $4\frac{7}{8}$　5. $8\frac{2}{3}$

6. $8\frac{1}{2}$　7. $13\frac{1}{3}$　8. $8\frac{1}{3}$

9. $15\frac{3}{4}$　10. $36\frac{2}{3}$　11. $117\frac{1}{2}$

12. 452　13. $38\frac{2}{3}$　14. $55\frac{1}{3}$

15. $49\frac{1}{2}$　16. $84\frac{3}{5}$

5. $2\frac{1}{6}\times4=\frac{13}{\cancel{6}_{3}}\times\cancel{4}^{2}=\frac{26}{3}=8\frac{2}{3}$

6. $1\frac{7}{10}\times5=\frac{17}{\cancel{10}_{2}}\times\cancel{5}^{1}=\frac{17}{2}=8\frac{1}{2}$

7. $2\frac{2}{9}\times6=\frac{20}{\cancel{9}_{3}}\times\cancel{6}^{2}=\frac{40}{3}=13\frac{1}{3}$

8. $1\frac{4}{21}\times7=\frac{25}{\cancel{21}_{3}}\times\cancel{7}^{1}=\frac{25}{3}=8\frac{1}{3}$

03 (자연수)×(진분수) 48~49쪽

1. $25,\ 25,\ 6,\ 1$　2. $20,\ 6\frac{2}{3}$　3. $4\frac{1}{5}$

4. $2\frac{4}{5}$　5. 21　6. $5\frac{1}{3}$

7. $9\frac{4}{5}$　8. $6\frac{2}{3}$　9. $4\frac{1}{2}$

10. $3\frac{3}{7}$　11. $8\frac{1}{3}$　12. $4\frac{2}{3}$

13. $2\frac{6}{7}$　14. $7\frac{1}{3}$　15. $2\frac{2}{3}$

16. $4\frac{1}{5}$

NOVEMBER ; 11

3. $7\times\frac{3}{5}=\frac{21}{5}=4\frac{1}{5}$

4. $\cancel{8}^{2}\times\frac{7}{\cancel{20}_{5}}=\frac{14}{5}=2\frac{4}{5}$

5. $\cancel{36}^{3}\times\frac{7}{\cancel{12}_{1}}=3\times7=21$

6. $\overset{2}{\cancel{10}}\times\dfrac{8}{\underset{3}{\cancel{15}}}=\dfrac{16}{3}=5\dfrac{1}{3}$

7. $\overset{7}{\cancel{14}}\times\dfrac{7}{\underset{5}{\cancel{10}}}=\dfrac{49}{5}=9\dfrac{4}{5}$

8. $\overset{2}{\cancel{14}}\times\dfrac{10}{\underset{3}{\cancel{21}}}=\dfrac{20}{3}=6\dfrac{2}{3}$

04 (자연수)×(대분수) 50~51쪽

1. 3, 24
2. 3, 9, 1, 4, 4, 4
3. $14\dfrac{2}{3}$
4. $22\dfrac{1}{2}$
5. $21\dfrac{2}{3}$
6. $21\dfrac{2}{3}$
7. $8\dfrac{1}{4}$
8. $15\dfrac{5}{7}$
9. $8\dfrac{4}{5}$
10. $18\dfrac{2}{3}$
11. $13\dfrac{3}{4}$
12. $16\dfrac{1}{4}$
13. $13\dfrac{3}{5}$
14. $6\dfrac{1}{4}$
15. $16\dfrac{1}{2}$
16. $15\dfrac{1}{3}$
17. $28\dfrac{1}{2}$
18. $7\dfrac{1}{7}$

수수께끼 눈앞에 두고도 못 보는 것? ; 눈썹

3. $6\times2\dfrac{4}{9}=\overset{2}{\cancel{6}}\times\dfrac{22}{\underset{3}{\cancel{9}}}=\dfrac{44}{3}=14\dfrac{2}{3}$

4. $12\times1\dfrac{7}{8}=\overset{3}{\cancel{12}}\times\dfrac{15}{\underset{2}{\cancel{8}}}=\dfrac{45}{2}=22\dfrac{1}{2}$

5. $10\times2\dfrac{1}{6}=\overset{5}{\cancel{10}}\times\dfrac{13}{\underset{3}{\cancel{6}}}=\dfrac{65}{3}=21\dfrac{2}{3}$

6. $20\times1\dfrac{1}{12}=\overset{5}{\cancel{20}}\times\dfrac{13}{\underset{3}{\cancel{12}}}=\dfrac{65}{3}=21\dfrac{2}{3}$

7. $4\times2\dfrac{1}{16}=\overset{1}{\cancel{4}}\times\dfrac{33}{\underset{4}{\cancel{16}}}=\dfrac{33}{4}=8\dfrac{1}{4}$

8. $15\times1\dfrac{1}{21}=\overset{5}{\cancel{15}}\times\dfrac{22}{\underset{7}{\cancel{21}}}=\dfrac{110}{7}=15\dfrac{5}{7}$

10. $12\times1\dfrac{5}{9}=\overset{4}{\cancel{12}}\times\dfrac{14}{\underset{3}{\cancel{9}}}=\dfrac{56}{3}=18\dfrac{2}{3}$

13. $8\times1\dfrac{7}{10}=\overset{4}{\cancel{8}}\times\dfrac{17}{\underset{5}{\cancel{10}}}=\dfrac{68}{5}=13\dfrac{3}{5}$

05 (단위분수)×(단위분수) 52~53쪽

1. 10
2. 21
3. 6, 24
4. 8, 16
5. $\dfrac{1}{18}$
6. $\dfrac{1}{16}$
7. $\dfrac{1}{35}$
8. $\dfrac{1}{36}$
9. $\dfrac{1}{48}$
10. $\dfrac{1}{63}$
11. 알에 ○표
12. 람에 ○표
13. 브에 ○표
14. 라에 ○표
15. 궁에 ○표
16. 전에 ○표

알람브라 궁전

5. $\dfrac{1}{6}\times\dfrac{1}{3}=\dfrac{1}{6\times3}=\dfrac{1}{18}$

6. $\dfrac{1}{4}\times\dfrac{1}{4}=\dfrac{1}{4\times4}=\dfrac{1}{16}$

7. $\dfrac{1}{7}\times\dfrac{1}{5}=\dfrac{1}{7\times5}=\dfrac{1}{35}$

8. $\dfrac{1}{9}\times\dfrac{1}{4}=\dfrac{1}{9\times4}=\dfrac{1}{36}$

9. $\dfrac{1}{8}\times\dfrac{1}{6}=\dfrac{1}{8\times6}=\dfrac{1}{48}$

10. $\dfrac{1}{7}\times\dfrac{1}{9}=\dfrac{1}{7\times9}=\dfrac{1}{63}$

06 (진분수)×(진분수) 54~55쪽

1. $\frac{8}{21}$ 2. $1, \frac{3}{10}$ 3. $\frac{25}{42}$
4. $\frac{4}{21}$ 5. $\frac{5}{24}$ 6. $\frac{6}{13}$
7. $\frac{2}{9}$ 8. $\frac{5}{18}$ 9. $\frac{1}{9}$
10. $\frac{34}{63}$ 11. $\frac{11}{40}$ 12. $\frac{2}{9}$
13. $\frac{1}{15}$ 14. $\frac{3}{4}$ 15. $\frac{9}{22}$
16. $\frac{14}{45}$ 17. $\frac{14}{27}$ 18. $\frac{5}{18}$
19. $\frac{1}{10}$ 20. $\frac{7}{20}$

$\frac{1}{3}$	$\frac{3}{4}$	$\frac{1}{5}$	$\frac{3}{7}$	$\frac{1}{8}$
$\frac{3}{8}$	$\frac{2}{9}$	$\frac{1}{10}$	$\frac{1}{15}$	$\frac{7}{15}$
$\frac{11}{15}$	$\frac{1}{16}$	$\frac{7}{20}$	$\frac{7}{16}$	$\frac{1}{20}$
$\frac{5}{18}$	$\frac{9}{22}$	$\frac{14}{27}$	$\frac{11}{40}$	$\frac{14}{45}$

; 노

4. $\frac{\overset{1}{\cancel{3}}}{7}\times\frac{4}{\underset{3}{\cancel{9}}}=\frac{4}{21}$

5. $\frac{5}{\underset{3}{\cancel{9}}}\times\frac{\overset{1}{\cancel{3}}}{8}=\frac{5}{24}$

6. $\frac{\overset{2}{\cancel{10}}}{13}\times\frac{3}{\underset{1}{\cancel{5}}}=\frac{6}{13}$

7. $\frac{\overset{1}{\cancel{5}}}{\underset{3}{\cancel{12}}}\times\frac{\overset{2}{\cancel{8}}}{\underset{3}{\cancel{15}}}=\frac{2}{9}$

8. $\frac{\overset{5}{\cancel{15}}}{\underset{2}{\cancel{16}}}\times\frac{\overset{1}{\cancel{8}}}{\underset{9}{\cancel{27}}}=\frac{5}{18}$

9. $\frac{\overset{1}{\cancel{7}}}{\underset{3}{\cancel{12}}}\times\frac{\overset{1}{\cancel{4}}}{\underset{3}{\cancel{21}}}=\frac{1}{9}$

07 (대분수)×(진분수) 56~57쪽

1. $13, 13, 26, 2\frac{8}{9}$ 2. $4, 4, 28, 1\frac{13}{15}$
3. $1\frac{7}{18}$ 4. $1\frac{1}{14}$ 5. $1\frac{1}{11}$
6. $1\frac{5}{9}$ 7. $\frac{14}{15}$ 8. $1\frac{1}{4}$
9. $\frac{5}{8}$ 10. $1\frac{3}{7}$ 11. $\frac{7}{8}$
12. $1\frac{4}{11}$ 13. $1\frac{1}{8}$ 14. $\frac{9}{10}$
15. $2\frac{2}{5}$ 16. $1\frac{7}{8}$ 17. $1\frac{1}{2}$
18. $2\frac{2}{35}$ 19. $5\frac{1}{2}$ 20. $1\frac{1}{2}$

3. $2\frac{1}{2}\times\frac{5}{9}=\frac{5}{2}\times\frac{5}{9}=\frac{25}{18}=1\frac{7}{18}$

4. $\frac{5}{6}\times1\frac{2}{7}=\frac{5}{\underset{2}{\cancel{6}}}\times\frac{\overset{3}{\cancel{9}}}{7}=\frac{15}{14}=1\frac{1}{14}$

5. $1\frac{5}{11}\times\frac{3}{4}=\frac{\overset{4}{\cancel{16}}}{11}\times\frac{3}{\underset{1}{\cancel{4}}}=\frac{12}{11}=1\frac{1}{11}$

6. $\frac{7}{11}\times2\frac{4}{9}=\frac{7}{\underset{1}{\cancel{11}}}\times\frac{\overset{2}{\cancel{22}}}{9}=\frac{14}{9}=1\frac{5}{9}$

7. $2\frac{1}{10}\times\frac{4}{9}=\frac{\overset{7}{\cancel{21}}}{\underset{5}{\cancel{10}}}\times\frac{\overset{2}{\cancel{4}}}{\underset{3}{\cancel{9}}}=\frac{14}{15}$

8. $\frac{7}{12}\times2\frac{1}{7}=\frac{\overset{1}{\cancel{7}}}{\underset{4}{\cancel{12}}}\times\frac{\overset{5}{\cancel{15}}}{\underset{1}{\cancel{7}}}=\frac{5}{4}=1\frac{1}{4}$

9. $3\frac{3}{4}\times\frac{1}{6}=\frac{\overset{5}{\cancel{15}}}{4}\times\frac{1}{\underset{2}{\cancel{6}}}=\frac{5}{8}$

10. $\frac{2}{3}\times2\frac{1}{7}=\frac{2}{\underset{1}{\cancel{3}}}\times\frac{\overset{5}{\cancel{15}}}{7}=\frac{10}{7}=1\frac{3}{7}$

11. $1\frac{1}{8}\times\frac{7}{9}=\frac{\overset{1}{\cancel{9}}}{8}\times\frac{7}{\underset{1}{\cancel{9}}}=\frac{7}{8}$

08 (대분수)×(대분수) 58~59쪽

1. 3, 21, $2\frac{5}{8}$ 2. 5, 7, 5, 7, 35, $3\frac{8}{9}$
3. $3\frac{1}{4}$ 4. $10\frac{1}{2}$ 5. $3\frac{3}{4}$
6. $3\frac{6}{11}$ 7. 10 8. $4\frac{2}{3}$
9. $2\frac{1}{2}$ 10. $9\frac{3}{4}$ 11. $2\frac{2}{9}$
12. 4 13. 8 14. $3\frac{3}{8}$
15. $2\frac{2}{5}$ 16. $4\frac{2}{3}$ 17. $1\frac{5}{6}$

조선시대 왕이 살던 곳? ; 경복궁에 ○표

3. $1\frac{3}{10}\times2\frac{1}{2}=\frac{13}{\underset{2}{\cancel{10}}}\times\frac{\overset{1}{\cancel{5}}}{2}=\frac{13}{4}=3\frac{1}{4}$

4. $2\frac{1}{4}\times4\frac{2}{3}=\frac{\overset{3}{\cancel{9}}}{\underset{2}{\cancel{4}}}\times\frac{\overset{7}{\cancel{14}}}{\underset{1}{\cancel{3}}}=\frac{21}{2}=10\frac{1}{2}$

5. $3\frac{3}{8}\times1\frac{1}{9}=\frac{\overset{3}{\cancel{27}}}{\underset{4}{\cancel{8}}}\times\frac{\overset{5}{\cancel{10}}}{\underset{1}{\cancel{9}}}=\frac{15}{4}=3\frac{3}{4}$

6. $1\frac{7}{11}\times2\frac{1}{6}=\frac{\overset{3}{\cancel{18}}}{11}\times\frac{13}{\underset{1}{\cancel{6}}}=\frac{39}{11}=3\frac{6}{11}$

7. $2\frac{1}{7}\times4\frac{2}{3}=\frac{\overset{5}{\cancel{15}}}{\underset{1}{\cancel{7}}}\times\frac{\overset{2}{\cancel{14}}}{\underset{1}{\cancel{3}}}=10$

8. $4\frac{3}{8}\times1\frac{1}{15}=\frac{\overset{7}{\cancel{35}}}{\underset{1}{\cancel{8}}}\times\frac{\overset{2}{\cancel{16}}}{\underset{3}{\cancel{15}}}=\frac{14}{3}=4\frac{2}{3}$

12. $1\frac{1}{15}\times3\frac{3}{4}=\frac{\overset{4}{\cancel{16}}}{\underset{1}{\cancel{15}}}\times\frac{\overset{1}{\cancel{15}}}{\underset{1}{\cancel{4}}}=4$

14. $1\frac{4}{5}\times1\frac{7}{8}=\frac{9}{\underset{1}{\cancel{5}}}\times\frac{\overset{3}{\cancel{15}}}{8}=\frac{27}{8}=3\frac{3}{8}$

17. $1\frac{1}{8}\times1\frac{17}{27}=\frac{\overset{1}{\cancel{9}}}{\underset{2}{\cancel{8}}}\times\frac{\overset{11}{\cancel{44}}}{\underset{3}{\cancel{27}}}=\frac{11}{6}=1\frac{5}{6}$

09 세 분수의 곱셈(1) 60~61쪽

1. 3 2. (왼쪽부터) 1, 2, 1, 2, 9
3. $\frac{1}{8}$ 4. $\frac{5}{36}$ 5. $\frac{8}{27}$
6. $\frac{7}{27}$ 7. $\frac{4}{105}$ 8. $\frac{9}{100}$
9. $\frac{5}{21}$ 10. $\frac{1}{8}$ 11. $\frac{7}{30}$
12. $\frac{5}{81}$ 13. $\frac{1}{11}$ 14. $\frac{1}{12}$
15. $\frac{2}{27}$ 16. $\frac{1}{16}$

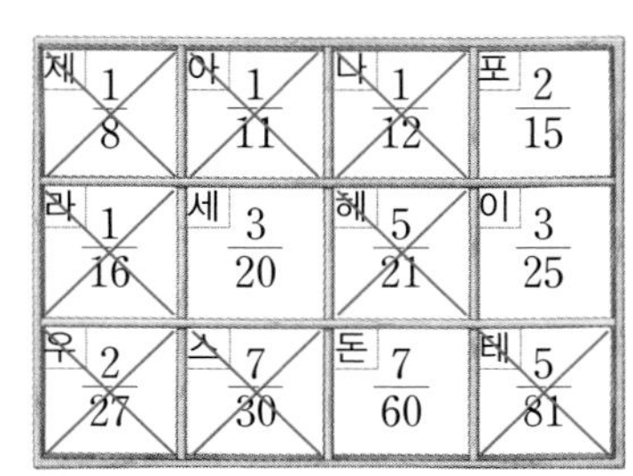

; 포세이돈

6. $\frac{7}{\underset{1}{\cancel{11}}}\times\frac{\overset{1}{\cancel{4}}}{9}\times\frac{\overset{1}{\cancel{11}}}{\underset{3}{\cancel{12}}}=\frac{7}{27}$

7. $\frac{\overset{1}{\cancel{2}}}{\underset{3}{\cancel{9}}}\times\frac{4}{5}\times\frac{\overset{1}{\cancel{3}}}{\underset{7}{\cancel{14}}}=\frac{4}{105}$

8. $\frac{\overset{1}{\cancel{3}}}{\underset{2}{\cancel{8}}}\times\frac{\overset{1}{\cancel{4}}}{\underset{5}{\cancel{15}}}\times\frac{9}{10}=\frac{9}{100}$

10 세 분수의 곱셈(2) 62~63쪽

1. 9, 9
2. 7, $\frac{7}{18}$
3. $2\frac{4}{5}$
4. $\frac{8}{9}$
5. $1\frac{13}{27}$
6. $2\frac{2}{21}$
7. $2\frac{2}{5}$
8. $5\frac{5}{14}$
9. 수에 ○표
10. 어에 ○표
11. 지에 ○표
12. 교에 ○표

수어지교

7. $\frac{3}{8}\times2\frac{2}{7}\times2\frac{4}{5}=\frac{3}{8}\times\frac{16}{7}\times\frac{14}{5}=\frac{12}{5}=2\frac{2}{5}$

8. $\frac{5}{7}\times3\frac{3}{8}\times2\frac{2}{9}=\frac{5}{7}\times\frac{27}{8}\times\frac{20}{9}=\frac{75}{14}=5\frac{5}{14}$

9. $1\frac{3}{7}\times1\frac{5}{8}\times\frac{14}{15}=2\frac{1}{6}$, $3\frac{8}{9}\times\frac{1}{6}\times1\frac{3}{7}=\frac{25}{27}$, $2\frac{1}{12}\times\frac{2}{15}\times1\frac{1}{2}=\frac{5}{12}$

10. $1\frac{1}{14}\times1\frac{2}{3}\times\frac{4}{5}=1\frac{3}{7}$, $3\frac{1}{9}\times\frac{6}{7}\times2\frac{2}{3}=7\frac{1}{9}$, $2\frac{5}{6}\times\frac{3}{5}\times1\frac{9}{11}=3\frac{1}{11}$

11. $\frac{9}{10}\times1\frac{3}{4}\times1\frac{1}{14}=1\frac{11}{16}$, $\frac{4}{9}\times3\frac{3}{5}\times1\frac{7}{8}=3$, $2\frac{4}{5}\times4\frac{1}{2}\times\frac{6}{7}=10\frac{4}{5}$

12. $1\frac{4}{5}\times\frac{5}{6}\times3\frac{1}{8}=4\frac{11}{16}$, $2\frac{1}{7}\times1\frac{2}{3}\times\frac{9}{10}=3\frac{3}{14}$, $7\frac{1}{2}\times2\frac{1}{5}\times\frac{6}{11}=9$

11 집중 연산 A 64~65쪽

1. (위부터) $4\frac{4}{27}$, $9\frac{1}{3}$
2. (위부터) $1\frac{5}{16}$, $4\frac{1}{2}$, $\frac{7}{24}$
3. (위부터) $6\frac{62}{75}$, $12\frac{4}{5}$, $\frac{8}{15}$
4. (위부터) $4\frac{20}{27}$, $\frac{4}{9}$, $10\frac{2}{3}$
5. (위부터) $1\frac{7}{9}$, $1\frac{5}{27}$, $1\frac{1}{2}$
6. (위부터) $4\frac{1}{2}$, $3\frac{1}{2}$, $1\frac{2}{7}$
7. $\frac{35}{64}$, $\frac{20}{27}$
8. $\frac{6}{35}$, $1\frac{8}{27}$, $\frac{2}{3}$
9. $\frac{3}{25}$, $\frac{3}{8}$, $\frac{3}{10}$
10. $\frac{7}{9}$, $\frac{9}{16}$, $\frac{9}{14}$
11. $3\frac{2}{25}$, 6, 8
12. $6\frac{2}{3}$, $2\frac{4}{5}$, $8\frac{3}{4}$

12 집중 연산 B 66~67쪽

1. $6\frac{2}{3}$
2. $2\frac{4}{7}$
3. $11\frac{1}{3}$
4. $19\frac{1}{5}$
5. $5\frac{3}{5}$
6. $4\frac{2}{7}$
7. $32\frac{1}{4}$
8. $16\frac{1}{5}$
9. $\frac{1}{72}$
10. $\frac{1}{77}$
11. $\frac{8}{21}$
12. $\frac{4}{25}$
13. $\frac{5}{14}$
14. $\frac{3}{8}$
15. $1\frac{7}{18}$
16. $\frac{17}{18}$
17. $2\frac{4}{5}$
18. 6
19. 6
20. $10\frac{1}{3}$
21. $\frac{7}{18}$
22. $\frac{7}{18}$
23. $\frac{3}{28}$
24. $\frac{1}{2}$
25. $5\frac{5}{14}$
26. $7\frac{1}{2}$
27. $2\frac{5}{8}$
28. $5\frac{1}{3}$

4 소수와 자연수의 곱셈

01 (소수) × 10, 100, 1000 70~71쪽

1. 1, 10, 100
2. 5.2, 52, 520
3. 20.4, 204, 2040
4. 57.9, 579, 5790
5. 1.87, 18.7, 187
6. 102.3, 1023, 10230
7. 3, 30, 300
8. 4.6, 46, 460
9. 17, 170, 1700
10. 0.6, 6, 60
11. 10.8, 108, 1080
12. 36.2, 362, 3620
13. 1.54, 15.4, 154
14. 31.26, 312.6, 3126

02 (1보다 작은 소수 한 자리 수) × (자연수) 72~73쪽

1. 1.6
2. 4.8
3. 3.6
4. 4.2
5. 3
6. 1.8

7.

	0.	3
×	1	5
	1	5
	3	
	4.	5

8.

	0.	6
×	2	9
	5	4
1	2	
1	7.	4

9.

	0.	7
×	3	8
	5	6
2	1	
2	6.	6

10. 2.4
11. 2
12. 1.4
13. 6.3
14. 3.2
15. 2.1
16. 3.6
17. 4.5
18. 4
19. 7.2
20. 1.6
21. 0.9

수수께끼 사람들이 가장 싫어하는 색은? ; 질색

03 (1보다 작은 소수 두 자리 수) × (자연수) 74~75쪽

1. 1.68
2. 4.27
3. 2.25
4. 2.16
5. 2.28
6. 4.62

7.

	0.	2	7
×		1	3
		8	1
	2	7	
	3.	5	1

8.

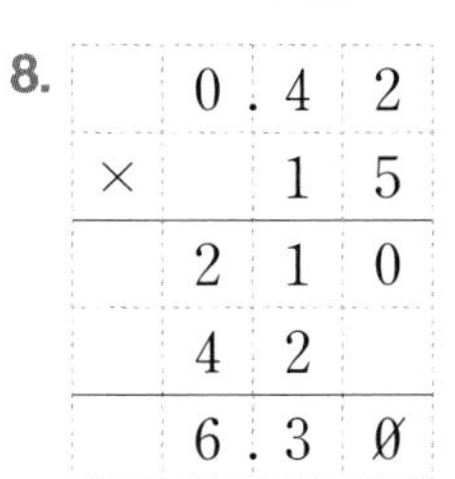

	0.	4	2
×		1	5
	2	1	0
	4	2	
	6.	3	Ø

9.

	0.	8	6
×		2	4
	3	4	4
1	7	2	
2	0.	6	4

10. 1.02
11. 4.48
12. 2.52
13. 2.25
14. 2.28
15. 18
16. 6.51
17. 9.3
18. 2.96

3.24	**2.96**	**18**	**4.48**	5.36
2.86	2.2	2.81	**2.52**	2.7
25.2	3.72	4.21	**6.51**	4.62
22.5	32.1	**2.28**	15.24	7.27
3.38	**9.3**	**1.02**	**2.25**	6.44

; 고

04 (1보다 큰 소수 한 자리 수) × (자연수) 76~77쪽

1. 2.8
2. 32.4
3. 49.7
4. 55.2
5. 43
6. 37.2

7.

	4.	7
×	1	6
2	8	2
4	7	
7	5.	2

8.

		6.	5
	×	2	3
	1	9	5
1	3	0	
1	4	9.	5

9.

		8	. 6
	×	3	7
	6	0	2
2	5	8	
3	1	8	. 2

10. 56 ; 56
11. 378 ; 378
12. 5.7 × 12 = 68.4 ; 68.4
13. 4.2 × 24 = 100.8 ; 100.8
14. 2.8 × 37 = 103.6 ; 103.6
15. 9.5 × 29 = 275.5 ; 275.5
16. 8.4 × 17 = 142.8 ; 142.8
17. 5.7 × 31 = 176.7 ; 176.7

05 (1보다 큰 소수 두 자리 수) × (자연수) 78~79쪽

1. 2.46
2. 14.68
3. 61.74
4. 29.89
5. 19.32
6. 49.35

7.

	4	. 7	9
×		1	7
3	3	5	3
4	7	9	
8	1	. 4	3

8.

	5	. 1	2
×		1	9
4	6	0	8
5	1	2	
9	7	. 2	8

9.

	5	. 8	6
×		1	5
2	9	3	0
5	8	6	
8	7	. 9	Ø

10. 11.04
11. 9.54
12. 29.61
13. 186.24
14. 25.76
15. 75
16. 23.32
17. 152.28

10. 1.84×6=11.04 (km)
12. 4.23×7=29.61 (km)
14. 1.84×14=25.76 (km)
16. 1.06×22=23.32 (km)

06 (소수) × (자연수) 80~81쪽

1. 0.8
2. 10.8
3. 2.28
4. 5.7
5. 19.53
6. 37.66

7.

	8	. 7
×	1	1
	8	7
8	7	
9	5	. 7

8.

	0	. 4	1
×		4	3
	1	2	3
1	6	4	
1	7	. 6	3

9.

	4	. 6	9
×		1	4
1	8	7	6
4	6	9	
6	5	. 6	6

10. 3.5
11. 4.9
12. 37.8
13. 40.2
14. 1.15
15. 50.1
16. 1.17
17. 48.2

연두색 티셔츠, 안경 ; ③

07 집중 연산 A 82~83쪽

1. 30.4
2. 1.35, 39.24
3. 50.4, 12.84
4. 3.36, 157.92
5. 27.3, 11.34
6. 26.88, 109.89
7. 63.36, 9
8. 362, 5750
9. 25.9, 28.4
10. 8.75, 8.19
11. 0.9, 1.8
12. 4.96, 29.76
13. 3.04, 36.48
14. 2.7, 18.9
15. 18.5, 148
16. 5.52, 60.72
17. 7.8, 54.6
18. 7.8, 31.2
19. 24.75, 198
20. 46.08, 184.32

08 집중 연산 B 84~85쪽

1. 7.2
2. 4.06
3. 6.3
4. 12.8
5. 19.26
6. 16.8
7. 79.8
8. 24.48
9. 5.04
10. 2.16
11. 38.01
12. 39.12
13. 28.93
14. 51.2
15. 125.45
16. 76.1
17. 920
18. 3.6
19. 1.28
20. 29.6
21. 3.24
22. 85.5
23. 9.45
24. 113.88
25. 27
26. 130.14
27. 59.2
28. 115.2
29. 171.38

5 자연수와 소수의 곱셈

01 (자연수)×0.1, 0.01, 0.001 88~89쪽

1. 38.1, 3.81, 0.381
2. 5.4, 0.54, 0.054
3. 1.4, 0.14
4. 23, 2.3, 0.23
5. 0.7, 0.07, 0.007
6. 60.5, 6.05, 0.605
7. 풀이 참조

7.

02 (자연수)×(1보다 작은 소수 한 자리 수) 90~91쪽

1. 0.8
2. 1.8
3. 2.8
4. 1.5
5. 4
6. 9.9
7. 1.4
8. 3.6
9. 3.6
10. 4
11. 4.8
12. 7.8

13. 12.8 ; 12.8　　14. 13.2 ; 13.2

15. $29 \times 0.7 = 20.3$; 20.3

16. $25 \times 0.9 = 22.5$; 22.5

17. $50 \times 0.4 = 20$; 20

18. $53 \times 0.2 = 10.6$; 10.6

19. $37 \times 0.5 = 18.5$; 18.5

20. $62 \times 0.6 = 37.2$; 37.2

03 (자연수)×(1보다 작은 소수 두 자리 수) 92~93쪽

1. 0.12　　2. 0.35　　3. 0.72

4.

		2	4
×	0.	1	8
	1	9	2
	2	4	
	4.	3	2

5.

		1	6
×	0.	2	5
		8	0
	3	2	
	4.	Ø	Ø

6.

		1	3
×	0.	1	2
		2	6
	1	3	
	1.	5	6

7.

		1	9
×	0.	7	1
		1	9
1	3	3	
1	3.	4	9

8.

		2	3
×	0.	1	6
	1	3	8
	2	3	
	3.	6	8

9.

		3	3
×	0.	4	1
		3	3
1	3	2	
1	3.	5	3

10. 40　　11. 24　　12. 26

13. 82　　14. 420　　15. 630

16. 595　　17. 2250　　18. 3000

10. $2000 \times 0.02 = 40$(원)

12. $1300 \times 0.02 = 26$(원)

14. $6000 \times 0.07 = 420$(원)

16. $8500 \times 0.07 = 595$(원)

18. $20000 \times 0.15 = 3000$(원)

04 (자연수)×(1보다 큰 소수 한 자리 수) 94~95쪽

1.

		8
×	4.	6
	4	8
3	2	
3	6.	8

2.

		7
×	3.	8
	5	6
2	1	
2	6.	6

3.

		4
×	6.	2
		8
2	4	
2	4.	8

4.

		6
×	5.	7
	4	2
3	0	
3	4.	2

5.

		2
×	2.	3
		6
	4	
	4.	6

6.

		9
×	7.	2
	1	8
6	3	
6	4.	8

7.

		3	6
	×	4.	3
	1	0	8
1	4	4	
1	5	4.	8

8.

		2	2
	×	8.	8
	1	7	6
1	7	6	
1	9	3.	6

9.

		4	1
	×	9.	7
	2	8	7
3	6	9	
3	9	7.	7

10. 169　　11. 133.1　　12. 162.5

13. 144　　14. 225　　15. 198.8

16. 168　　17. 232.5

05 (자연수)×(1보다 큰 소수 두 자리 수) 96~97쪽

1. 6.84　2. 9.28　3. 7.68
4. 26.2　5. 5　6. 18.99
7. 15.6　8. 45.32　9. 51.87
10. 66.15　11. 15.75　12. 14.28
13. 32.8　14. 4.98　15. 31.65
16. 38.52　17. 65.1　18. 19.08
19. 73.5　20. 57.38

수수께끼 용이 듣기 싫어하는 말은? ; 용용 죽겠지

06 (자연수)×(소수) 98~99쪽

1.

	7	1
×	0.	5
3	5.	5

2.

		8
×	9.	1
		8
7	2	
7	2.	8

3.

		5	2
×	0.	1	4
	2	0	8
	5	2	
	7.	2	8

4.

	3	1
×	1.	2
	6	2
3	1	
3	7.	2

5.

	1	2
×	7.	4
	4	8
8	4	
8	8.	8

6.

		1	5
×	0.	6	3
		4	5
	9	0	
	9.	4	5

7.

			9
×	2	1.	4
		3	6
		9	
1	8		
1	9	2.	6

8.

		2	9
×	2.	3	5
	1	4	5
	8	7	
5	8		
6	8.	1	5

9.

		3	6
×	1.	1	2
		7	2
	3	6	
3	6		
4	0.	3	2

10. 33　11. 33.88　12. 27.5
13. 32.64　14. 39.6　15. 36.18
16. 35.1　17. 43.75

07 집중 연산 A 100~101쪽

1. 0.9　2. 4.2
3. 12.6　4. 2.75
5. 1.08　6. 5.76
7. 1.03　8. 0.047
9. 2.6　10. 50.4
11. 110.5　12. 84
13. 45.6　14. 177.5
15. 21.76　16. 79.56
17. 65.94　18. 133.38
19. 90.4, 9.04, 0.904　20. 51.5, 5.15, 0.515
21. 74, 7.4, 0.74　22. 47.6, 4.76, 0.476
23. 12, 19.2　24. 8.64, 3.96
25. 26.6, 36.4　26. 119.34, 55.08
27. 357, 663　28. 359.8, 228.2

08 집중 연산 B — 102~103쪽

1. 2.4　2. 14.4
3. 13.8　4. 3.92
5. 1.35　6. 22.95
7. 12.3　8. 6.4
9. 52.5　10. 24.32
11. 31.15　12. 10.44
13. 199.5　14. 67.32
15. 438.48　16. 6.4
17. 0.36　18. 7.2
19. 7.29　20. 0.98
21. 5.5　22. 1.26
23. 19.8　24. 135
25. 6.42　26. 14.4
27. 13.77　28. 0.44
29. 84　30. 0.086
31. 94.24

6 자릿수가 같은 소수의 곱셈

01 (1보다 작은 소수 한 자리 수) ×(1보다 작은 소수 한 자리 수) — 106~107쪽

1. 0.28　2. 0.54
3. 0.56　4. 0.25
5. 0.27　6. 0.24
7. 0.72　8. 0.3
9. 0.18　10. 0.63
11. 0.4　12. 0.64
13. 0.42　14. 0.32
15. 0.45　16. 0.21
17. 0.36　18. 0.2
19. 0.49　20. 0.72

02 (소수 한 자리 수) ×(소수 한 자리 수) — 108~109쪽

1. 1.52　2. 1.08　3. 3.78

4.

	0.	7
×	2.	4
	2	8
1	4	
1.	6	8

5.

	0.	5
×	4.	7
	3	5
2	0	
2.	3	5

6.

	0.	2
×	9.	3
		6
1	8	
1.	8	6

7.

	0.	7
×	8.	3
	2	1
5	6	
5.	8	1

8.

	0.	3
×	7.	7
	2	1
2	1	
2.	3	1

9.

	0.	8
×	5.	4
	3	2
4	0	
4.	3	2

10. 1.84　11. 2.1
12. $4.7 \times 0.3 = 1.41$　13. $7.6 \times 0.2 = 1.52$
14. $6.9 \times 0.4 = 2.76$　15. $5.1 \times 0.9 = 4.59$
16. $7.2 \times 0.7 = 5.04$　17. $14.4 \times 0.5 = 7.2$

03 (1보다 큰 소수 한 자리 수) ×(1보다 큰 소수 한 자리 수) — 110~111쪽

1.

	2.	6
×	1.	4
1	0	4
2	6	
3.	6	4

2.

	3.	2
×	2.	3
	9	6
6	4	
7.	3	6

3.

		2.	1
	×	6.	7
	1	4	7
1	2	6	
1	4.	0	7

4.

		7.	2
	×	5.	6
	4	3	2
3	6	0	
4	0.	3	2

5.

		8.	4
	×	6.	7
	5	8	8
5	0	4	
5	6.	2	8

6.

		5.	3
	×	2.	3
	1	5	9
1	0	6	
1	2.	1	9

7.

		6.	2
	×	2.	9
	5	5	8
1	2	4	
1	7.	9	8

8.

		7.	5
	×	4.	8
	6	0	0
3	0	0	
3	6.	Ø	Ø

9.

		7.	8
	×	3.	4
	3	1	2
2	3	4	
2	6.	5	2

10. 3.91 **11.** 23.56 **12.** 55.5

13. 15.68 **14.** 17.1 **15.** 13.44

16. 8.16 **17.** 6.21 **18.** 27.44

19. 17.67

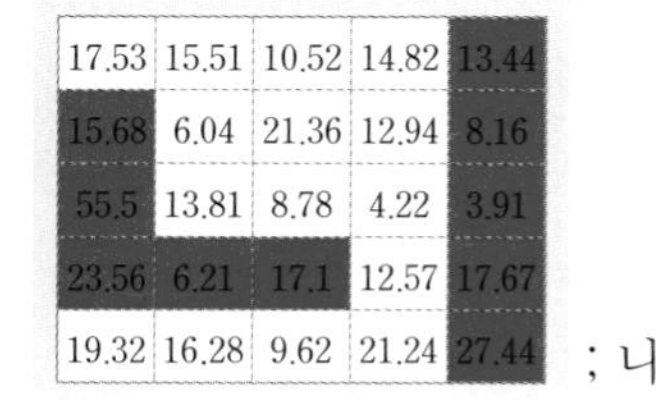

17.53	15.51	10.52	14.82	13.44
15.68	6.04	21.36	12.94	8.16
55.5	13.81	8.78	4.22	3.91
23.56	6.21	17.1	12.57	17.67
19.32	16.28	9.62	21.24	27.44

; ㄴ

04 (1보다 작은 소수 두 자리 수)×(1보다 작은 소수 두 자리 수) 112~113쪽

1.

		0.	3	8
	×	0.	2	6
		2	2	8
		7	6	
0.	0	9	8	8

2.

		0.	5	2
	×	0.	1	7
		3	6	4
		5	2	
0.	0	8	8	4

3.

		0.	2	6
	×	0.	7	5
		1	3	0
	1	8	2	
0.	1	9	5	Ø

4.

		0.	6	8
	×	0.	1	4
		2	7	2
		6	8	
0.	0	9	5	2

5.

		0.	3	1
	×	0.	2	9
		2	7	9
		6	2	
0.	0	8	9	9

6.

		0.	4	5
	×	0.	3	3
		1	3	5
	1	3	5	
0.	1	4	8	5

7.

		0.	6	3
	×	0.	4	2
		1	2	6
	2	5	2	
0.	2	6	4	6

8.

		0.	9	2
	×	0.	5	2
		1	8	4
	4	6	0	
0.	4	7	8	4

9.

		0.	5	5
	×	0.	7	8
		4	4	0
	3	8	5	
0.	4	2	9	Ø

10. 0.0858 **11.** 0.396 **12.** 0.1148

13. 0.0646 **14.** 0.506 **15.** 0.4872

16. 0.1242 **17.** 0.2886 **18.** 0.1632

19. 0.0576

수수께끼 기적을 많이 일으킨 사람? ; 열차 기관사

05 (소수 두 자리 수)×(소수 두 자리 수) 114~115쪽

1.

		6.	1	2
	×	0.	5	8
	4	8	9	6
3	0	6	0	
3.	5	4	9	6

2.

		4.	0	3
	×	0.	3	5
	2	0	1	5
1	2	0	9	
1.	4	1	0	5

3.

		5.	7	3
	×	0.	2	8
	4	5	8	4
1	1	4	6	
1.	6	0	4	4

4.

		4.	7	9
	×	0.	6	4
	1	9	1	6
2	8	7	4	
3.	0	6	5	6

5.

		2.	8	5
	×	0.	9	6
	1	7	1	0
2	5	6	5	
2.	7	3	6	Ø

6.

		2.	7	7
	×	0.	3	2
		5	5	4
	8	3	1	
0.	8	8	6	4

7.

		0.	5	4
	×	8.	5	6
		3	2	4
	2	7	0	
4	3	2		
4.	6	2	2	4

8.

		0.	1	2
	×	9.	6	8
			9	6
		7	2	
1	0	8		
1.	1	6	1	6

9.

		0.	8	7
	×	4.	5	4
		3	4	8
	4	3	5	
3	4	8		
3.	9	4	9	8

10. 1.5876 **11.** 1.5228 **12.** 2.8416
13. 4.0176 **14.** 0.9116 **15.** 2.5578
16. 2.2988 **17.** 6.9216 **18.** 3.1548
19. 3.2338

수수께끼 공부해서 남 주는 사람은 ; 선생님

06 (1보다 큰 소수 두 자리 수)×(1보다 큰 소수 두 자리 수) 116~117쪽

1.

		2.	6	7
	×	1.	2	4
	1	0	6	8
	5	3	4	
2	6	7		
3.	3	1	0	8

2.

		3.	0	3
	×	1.	1	5
	1	5	1	5
	3	0	3	
3	0	3		
3.	4	8	4	5

3.

		1.	9	6
	×	2.	3	7
	1	3	7	2
	5	8	8	
3	9	2		
4.	6	4	5	2

4.

			4.	8	7
		×	2.	2	1
			4	8	7
		9	7	4	
	9	7	4		
1	0.	7	6	2	7

5.

			5.	1	6
		×	6.	8	3
		1	5	4	8
	4	1	2	8	
3	0	9	6		
3	5.	2	4	2	8

6.

			6.	9	5
		×	1.	5	8
		5	5	6	0
	3	4	7	5	
	6	9	5		
1	0.	9	8	1	Ø

7. 31.3788 **8.** 29.1104
9. 26.3032 **10.** 13.363
11. 13.5824 **12.** 16.6796
13. 43.8123 **14.** 39.6396
15. 42.5434 **16.** 28.3404

07 자연수와 소수의 곱셈(1) 118~119쪽

1. (계산 순서대로) 1.5, 0.75, 0.75
2. (계산 순서대로) 5.58, 1.395, 1.395
3. 0.56 4. 0.574 5. 1.68
6. 0.567 7. 2.52 8. 2.958
9. 0.48, 0.9, 0.56, 0.6, 0.84
10. 3.6852, 1.5288, 4.5318, 0.9296, 3.0212

08 자연수와 소수의 곱셈(2) 120~121쪽

1. (계산 순서대로) 12.8, 20.48, 20.48
2. (계산 순서대로) 5.62, 34.001, 34.001
3. 287.1 4. 2.403 5. 107.1
6. 12.1296 7. 17.28 8. 100.87
9. 오에 ◯표 10. 유에 ◯표
11. 반에 ◯표 12. 포에 ◯표
13. 지에 ◯표 14. 효에 ◯표

오유반포지효

9. $2.2 \times 7 \times 1.6 = 24.64$
$6.3 \times 2 \times 1.7 = 21.42$
10. $5.61 \times 2 \times 4.23 = 47.4606$
$3.93 \times 7 \times 1.26 = 34.6626$
11. $3.3 \times 6 \times 2.4 = 47.52$
$9.4 \times 3 \times 2.5 = 70.5$
12. $2.85 \times 5 \times 5.18 = 73.815$
$8.43 \times 3 \times 3.59 = 90.7911$
13. $3.6 \times 3 \times 6.3 = 68.04$
$6.2 \times 7 \times 1.7 = 73.78$
14. $4.71 \times 8 \times 2.62 = 98.7216$
$3.85 \times 5 \times 4.64 = 89.32$

09 집중 연산 A 122~123쪽

1. (위부터) 0.72, 0.6
2. (위부터) 0.1152, 0.24, 0.48
3. (위부터) 41.16, 9.8, 4.2
4. (위부터) 60.3612, 9.72, 6.21
5. (위부터) 2.07, 0.9, 2.3
6. (위부터) 2.4696, 0.98, 2.52
7. (위부터) 2.1125, 0.65, 3.25
8. (위부터) 275.88, 13.2, 20.9
9. 0.28, 0.18 10. 1.76, 0.24, 1.32
11. 0.98, 2.3, 1.75 12. 15.12, 1.65, 62.37
13. 21.96, 42.09, 6.48 14. 10.92, 1.96, 21.56

10 집중 연산 B 124~125쪽

1. 0.49 2. 2.16 3. 7.38
4. 3.22 5. 22.96 6. 16.8
7. 35.77 8. 0.0648 9. 0.3504
10. 0.0384 11. 1.2714 12. 1.526
13. 5.1219 14. 27.72 15. 8.5901
16. 0.24 17. 4.56 18. 2.07
19. 4.59 20. 66.24 21. 0.234
22. 0.6096 23. 1.0527 24. 5.7798
25. 17.9144 26. 19.6 27. 0.756
28. 64.86 29. 18.3976

7 자릿수가 다른 소수의 곱셈

01 (1보다 작은 소수 두 자리 수) ×(1보다 작은 소수 한 자리 수) 128~129쪽

1. 0.015 2. 0.055 3. 0.105
4. 0.042 5. 0.198 6. 0.372
7. 0.016 8. 0.592 9. 0.392
10. 0.12 11. 0.216 12. 0.371

13.
	0	. 3	5
×		0	. 6
0	. 2	1	Ø

14.
	0	. 6	5
×		0	. 8
0	. 5	2	Ø

15.
	0	. 4	8
×		0	. 9
0	. 4	3	2

16.
	0	. 3	5
×		0	. 5
0	. 1	7	5

17.
	0	. 6	5
×		0	. 7
0	. 4	5	5

18.
	0	. 4	8
×		0	. 8
0	. 3	8	4

19.
	0	. 3	5
×		0	. 9
0	. 3	1	5

02 (1보다 작은 소수 한 자리 수) ×(1보다 작은 소수 두 자리 수) 130~131쪽

1. 0.015 2. 0.008 3. 0.018
4. 0.045 5. 0.066 6. 0.168
7. 27, 0.027 8. 88, 0.088 9. 124, 0.124
10. 162, 0.162 11. 0.036 ; 0.036
12. $0.2 \times 0.13 = 0.026$; 0.026
13. $0.8 \times 0.12 = 0.096$; 0.096
14. $0.9 \times 0.13 = 0.117$; 0.117
15. $0.6 \times 0.12 = 0.072$; 0.072
16. $0.7 \times 0.13 = 0.091$; 0.091
17. $0.4 \times 0.12 = 0.048$; 0.048

03 (소수 두 자리 수) ×(소수 한 자리 수) 132~133쪽

1. 0.504 2. 1.064 3. 0.774
4. 0.942 5. 2.526 6. 3.724

7.
	0	. 2	7
×		4	. 2
		5	4
1	0	8	
1	. 1	3	4

8.
	0	. 4	5
×		2	. 8
	3	6	0
	9	0	
1	. 2	6	Ø

9.
	0	. 6	7
×		3	. 5
	3	3	5
2	0	1	
2	. 3	4	5

10. 0.768 11. 1.501 12. 0.681
13. 2.108 14. 1.484 15. 1.638
16. 2.36 17. 1.768 18. 2.03

RED(빨강), RABBIT(토끼) ; ④

04 (소수 한 자리 수) ×(소수 두 자리 수) 134~135쪽

1.
		1	. 2
×	0	. 5	4
		4	8
	6	0	
0	. 6	4	8

2.
		2	. 4
×	0	. 3	9
	2	1	6
	7	2	
0	. 9	3	6

3.
		5	. 3
×	0	. 4	3
	1	5	9
2	1	2	
2	. 2	7	9

4.
		4	. 4
×	0	. 2	7
	3	0	8
	8	8	
1	. 1	8	8

5.

		3.	6
×	0.	4	5
	1	8	0
1	4	4	
1.	6	2	Ø

6.

		6.	8
×	0.	2	9
	6	1	2
1	3	6	
1.	9	7	2

7.

		0.	2
×	1.	3	8
		1	6
		6	
	2		
0.	2	7	6

8.

		0.	4
×	3.	1	6
		2	4
		4	
1	2		
1.	2	6	4

9.

		0.	5
×	2.	8	8
		4	0
	4	0	
1	0		
1.	4	4	Ø

10. 0.23

11. 0.85

12. 1.904

13. 1.612

14. 0.872 **15.** 2.254 **16.** 3.26

17. 0.27 **18.** 1.444 **19.** 2.944

수수께끼 보내기 싫을 때 하는 것은? ; 가위 또는 바위내기

05 (1보다 큰 소수 두 자리 수) ×(1보다 큰 소수 한 자리 수) 136~137쪽

1.

	1.	7	8
×		2.	3
	5	3	4
3	5	6	
4.	0	9	4

2.

	1.	2	6
×		1.	4
	5	0	4
1	2	6	
1.	7	6	4

3.

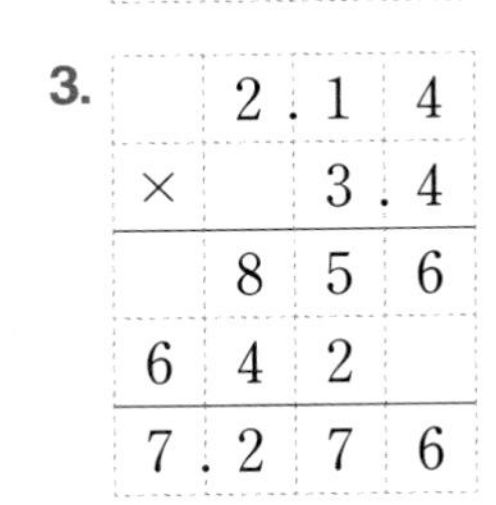

	2.	1	4
×		3.	4
	8	5	6
6	4	2	
7.	2	7	6

4.

		4.	9	1
	×		9.	2
		9	8	2
4	4	1	9	
4	5.	1	7	2

5.

		8.	1	4
	×		3.	1
		8	1	4
2	4	4	2	
2	5.	2	3	4

6.

		7.	0	3
	×		5.	2
	1	4	0	6
3	5	1	5	
3	6.	5	5	6

7.

		6.	5	7
	×		4.	8
	5	2	5	6
2	6	2	8	
3	1.	5	3	6

8.

		3.	9	9
	×		6.	1
		3	9	9
2	3	9	4	
2	4.	3	3	9

9.

		5.	3	2
	×		8.	8
	4	2	5	6
4	2	5	6	
4	6.	8	1	6

10.

	1.	1	2
×		1.	1
	1	1	2
1	1	2	
1.	2	3	2

11.

	1.	3	5
×		1.	3
	4	0	5
1	3	5	
1.	7	5	5

12.

	3.	0	9
×		1.	1
	3	0	9
3	0	9	
3.	3	9	9

13.

	2.	5	1
×		1.	3
	7	5	3
2	5	1	
3.	2	6	3

14.

	1.	0	7
×		1.	1
	1	0	7
1	0	7	
1.	1	7	7

15.

	2.	0	1
×		1.	3
	6	0	3
2	0	1	
2.	6	1	3

06 (1보다 큰 소수 한 자리 수) × (1보다 큰 소수 두 자리 수) 138~139쪽

1.

		1.	9
×	1.	6	4
		7	6
1	1	4	
1	9		
3.	1	1	6

2.

			2.	1
	×	5.	1	7
		1	4	7
		2	1	
1	0	5		
1	0.	8	5	7

3.

			3.	4
	×	3.	2	9
		3	0	6
		6	8	
1	0	2		
1	1.	1	8	6

4.

		1.	6
×	3.	1	4
		6	4
	1	6	
4	8		
5.	0	2	4

5.

			4.	5
	×	3.	6	2
			9	0
	2	7	0	
1	3	5		
1	6.	2	9	~~0~~

6.

			2.	3
	×	7.	3	6
		1	3	8
		6	9	
1	6	1		
1	6.	9	2	8

7.

		4.	3
×	2.	2	2
		8	6
	8	6	
8	6		
9.	5	4	6

8.

			6.	5
	×	4.	2	1
			6	5
	1	3	0	
2	6	0		
2	7.	3	6	5

9.

			8.	2
	×	3.	4	2
		1	6	4
	3	2	8	
2	4	6		
2	8.	0	4	4

10. 1.526 ; 1.526
11. 4.725 ; 4.725
12. $3.1 \times 1.14 = 3.534$; 3.534
13. $3.7 \times 2.09 = 7.733$; 7.733
14. $4.3 \times 2.72 = 11.696$; 11.696
15. $5.1 \times 4.21 = 21.471$; 21.471
16. $6.5 \times 4.76 = 30.94$; 30.94
17. $7.4 \times 5.91 = 43.734$; 43.734

07 1보다 작은 세 소수의 곱셈 140~141쪽

1. 0.003, 0.003 **2.** 0.0168, 0.0168
3. 0.0252 **4.** 0.063 **5.** 0.032
6. 0.095 **7.** 0.003 **8.** 0.0468
9. 0.006 **10.** 0.0012 **11.** 0.009
12. 0.076 **13.** 0.084 **14.** 0.0252
15. 0.1008 **16.** 0.0504

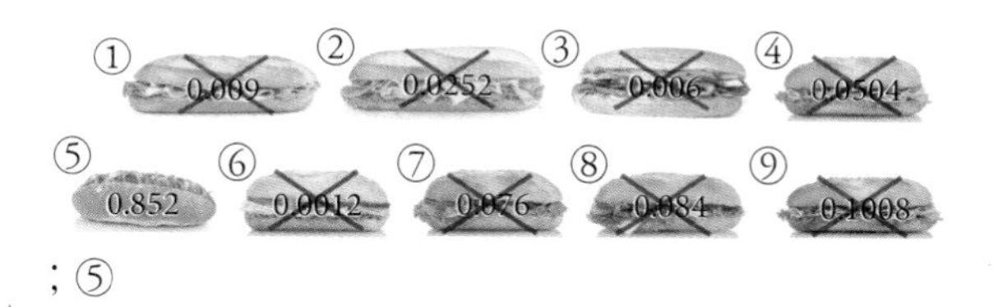

; ⑤

08 1보다 큰 세 소수의 곱셈 142~143쪽

1. 30.5655, 30.5655 2. 3.366, 3.366
3. 14.508 4. 27.72 5. 30.5624
6. 16.128 7. 117 8. 152.812
9. 28.07 10. 7.5537 11. 24.327
12. 14.124 13. 11.616 14. 164.22
15. 26.4957 16. 77.805

09 집중 연산 A 144~145쪽

1. 1.224, 1.224 2. 0.09, 0.09
3. 6150 ; 6.15, 6.15 4. 128 ; 0.128, 0.128
5. 0.108 6. 0.0049
7. 0.654 8. 0.1302
9. 0.392 10. 18.792
11. 0.077, 0.405 12. 0.063, 0.045
13. 6.355, 11.685 14. 3.744, 22.866
15. 0.693, 0.47 16. 0.552, 0.264
17. 14.76, 4.68 18. 5.278, 7.299
19. 6.12, 2.212 20. 4.69, 18.756

10 집중 연산 B 146~147쪽

1. 0.024 2. 0.068 3. 0.135
4. 0.105 5. 0.045 6. 3.268
7. 3.922 8. 0.192 9. 5.481
10. 16.023 11. 0.348 12. 21.875
13. 2.739 14. 7.183 15. 1.528
16. 0.012 17. 6.777 18. 2.684
19. 1.358 20. 6.174 21. 0.511
22. 1.715 23. 1.765 24. 11.375
25. 2.905 26. 0.0078 27. 18.99

8 평균

01 평균 알아보기 150~151쪽

1. 55, 11 2. 40, 10
3. 성준 4. 4, 48 ; 12
5. 3, 33 ; 11 6. 건호
7. 3 8. 16, 4
9. 12, 4 10. 20, 5
11. 15, 5 12. 12, 3

02 평균 구하기 152~153쪽

1. 10, 14, 5, 12 2. 13
3. 6 4. 29
5. 50 6. 78 ; 78, 26
7. 80 ; 80, 20 8. 72 ; 72, 3, 24
9. 100 ; 100, 5, 20

03 평균 비교하기 154~155쪽

1. 현우 2. 준기 3. 나은
4. 승우 5. 은호 6. 수호

1. (현우의 단원평가 점수의 평균)
$=(89+86+92)\div3=89$(점)
(은주의 단원평가 점수의 평균)
$=(82+91+88)\div3=87$(점)
4. (공 던지기 기록의 평균) $=(6+8+9+9)\div4$
$=8$ (m)
5. (제자리멀리뛰기 기록의 평균)
$=(97+98+100+102+103)\div5$
$=100$ (cm)
6. (줄넘기 기록의 평균)
$=(55+58+62+45)\div4$
$=55$(번)

04 집중 연산 Ⓐ 156~157쪽

1. 11 2. 57, 19 3. 39, 13
4. 30, 15 5. 60, 15 6. 56, 14
7. 45, 15 8. 320 9. 304
10. 328 11. 330 12. 324

05 집중 연산 Ⓑ 158~159쪽

1. 16 2. 75 3. 7
4. 37 5. 92 6. 5
7. 90 8. 192 9. 25
10. 105 11. 208 12. 48
13. 134 14. 85 15. 41
16. 무겁습니다. 17. 42, 45
18. 동민이네 모둠 19. 288, 292
20. 정훈

빅터의 플러스 알파 160쪽

① 12, 204, 380
② 380, 19

정답 및 풀이

5B

초등 5 수준

주의 책 모서리에 다칠 수 있으니 주의하시기 바랍니다.
부주의로 인한 사고의 경우 책임지지 않습니다.

초등학교		
학년	반	번
이름		

자르는 선